高层建筑设计创新

侯兆铭 / 著

化学工业出版社

·北京·

图书在版编目（CIP）数据

高层建筑设计创新/侯兆铭著. —北京：化学工
业出版社，2018.8
ISBN 978-7-122-32934-9

Ⅰ.①高…　Ⅱ.①侯…　Ⅲ.①高层建筑-建筑设计-
研究　Ⅳ.①TU972

中国版本图书馆 CIP 数据核字（2018）第 199865 号

责任编辑：王　烨　　　　　　　　文字编辑：陈　喆
责任校对：宋　夏　　　　　　　　装帧设计：刘丽华

出版发行：化学工业出版社（北京市东城区青年湖南街 13 号　邮政编码 100011）
印　　装：北京新华印刷有限公司
710mm×1000mm　1/16　印张 10½　字数 174 千字　2018 年 8 月北京第 1 版第 1 次印刷

购书咨询：010-64518888　　售后服务：010-64518899
网　　址：http://www.cip.com.cn
凡购买本书，如有缺损质量问题，本社销售中心负责调换。

定　　价：59.00 元　　　　　　　　　　　　　　版权所有　违者必究

现代高层建筑是 20 世纪以来城市发展最重要的建筑形式之一，进入 21 世纪，随着建筑技术日趋成熟，高层建筑将更加有效地成为城市建设的主力军。技术从来没有像今天这样，在深度和广度上对建筑领域产生影响，这种影响已从局部转向全面，并逐渐成为建筑创作与创新的重要环节之一。

本书由"2015 年辽宁省自然科学基金面上项目（项目编号 2015020618）"资助，同时由大连民族大学建筑学院资助，旨在从技术创新的理论视角对高层建筑创作展开系统的研究，探索技术创新视阈下的高层建筑创作的发展脉络、设计规律及技术对策，力图构建一个具有清晰逻辑框架和较强现实针对性的理论体系及研究平台，为后续课题的深入研究奠定坚实的基础。

本书共 5 章，从考察当今世界高层建筑的发展情况入手，分析其所处的时代背景、国际环境以及自身的未来发展取向，客观地将技术创新视阈下的高层建筑的发展态势进行系统的总结与科学定位，提出了技术创新视阈下的高层建筑创作研究这一理论命题。进而，通过对我国建筑业技术创新障碍因素的分析来构建中国建筑业技术创新的理论模式；通过对高层建筑与技术创新互为依托、互相推动、协同共生关系的总体把握来探寻当代高层建筑的技术创新理念，提出高层建筑设计要坚持高新技术的科学创新、倡导生态技术的优化创新、提高信息技术的综合创新、关注仿生技术的探索创新，至此从认识论层面完成了对于技术创新视阈下的高层建筑创作研究的理论分析。在此基础上，抓住功能、环境、形式三个主要视角，从方法论层面为技术创新视阈下的高层建筑创作研究构建宏观的理论研究框架。

功能始终是建筑的核心问题，对于高层建筑而言，最大化地满足高效性与平衡性才是技术创新视角下所追求的目标，为实现这样的目标，就必须不断发现和利用新技术创新成果。针对功能的高效性，从结构选型、布局设置、空间塑造、交通组织、整体功效五个层面提出具有针对性的创新对策，针对功能的平衡性，则从功能体系的优化、功能领域的扩展、功能模式的综合三个层面展开深入剖析，进而明确高层建筑只有实现功能的高效与平衡，才能确保在未来的发展中存在更多的可选择性，不断实现新的突破。

从深层的视角来看，高层建筑环境设计中技术创新的目标就是使高层建筑最大化的满足人类对于自然性与舒适性的需求。对于高层建筑的外部环境，实现其城市化与生态化的主要技术创新对策是从宏观、中观、微观三个层面展开的；对于高层建筑的内部环境，针对高层建筑空间竖向发展的特点，具体对策从共享空间、竖向景观、自然通风、表皮设计四个层面来实现。

高层建筑形式设计的技术创新就是要研究现代建筑技术带来的高层建筑形态学的更新，其目标就是追求形式外在美和形式内涵美，在追求个性形态的同时，赋予建筑深刻内涵。通过基本几何形体的组合、整体支撑结构的扭转、不同材料质感的演绎、传统"方盒子"的突破以及垂直组织结构的颠覆等技术对策的运用，使得高层建筑呈现出富于个性化的外在美。在追求外在美的同时，更要强调能够激发人类情感共鸣的内涵美，在技术对策上，从文化演绎、生态追求、地域阐释、政治隐喻、景观重塑等五个层面入手，来实现高层建筑和谐的内涵美。

本书采用理论思辨、对比考察和实例解析等研究方法对技术创新视阈下的高层建筑创作进行了全面系统的研究，拓展了建筑学与形态学、生态学、技术创新学等交叉学科的研究领域，不仅为该课题的研究提供了崭新的研究视角和思路，更构建了崭新的研究框架和平台，因而具有相应的社会意义和实践价值，对于未来相关课题的深入研究具有借鉴意义。

由于水平及时间所限，书中不妥之处，恳请广大读者批评指正。

2018 年 6 月

目 / 录

CONTENTS

01

第 1 章

绪论

现代高层建筑是 20 世纪以来城市发展最重要的建筑形式之一，它的发展是由工业革命的技术成果所决定的。进入 21 世纪这个信息时代，可以预计，随着建筑技术日趋成熟，高层建筑将更加有效地成为城市建设的主宰。

社会多学科的交叉融合与多技术系统的综合集成构成了推动高层建筑发展的整合力量，使得高层建筑以更深、更广、更直观和更具综合性的方式，拓展功能内涵、空间模式和审美形态，从而增加了新的功能维度、空间维度和审美维度[1]。

技术从来没有像今天这样，在深度和广度上对建筑领域产生影响。这种影响已经从局部转向全面，并逐渐成为建筑创作过程中重要的环节之一。

研究和探索技术创新对高层建筑的影响，努力寻求技术创新与高层建筑创作及应用上的最佳结合点，将为我们今后更好地利用技术优势提供必要的理论依据和研究方向，尤其是在全球范围内关注生态问题和可持续发展的今天，在技术创新视阈下客观慎重地分析和评价高层建筑的创作，是使其走向健康稳定、可持续发展的必要条件。

1.1
课题缘起

1.1.1 学术研究背景

人类登高通天的宏愿自古有之，无论是公元前 4 世纪巴比伦王所建造的高达 91.5m 的"巴贝尔塔"（tower of Babel，Babylon），还是我国黄河流域"九层之台，起于累土"的古代高层台塔，都充分反映出营造者的幻想作品总是趋于竖向的，也充分说明自古以来人类向高空发展的意志和能力。

高层建筑从诞生至今，已经走过了一百多年的历程，从萌芽、发展、成熟，一直走上今天技术创新的可持续发展之路。在这一历程中，涌现出无数里程碑式的建筑作品和无数卓越的建筑师、工程师，他们的智慧融入了这个时代，为整个人类文明做出了不可磨灭的贡献。美国是高层建筑的发源地，表 1-1 列举了一些在美国高层建筑发展进程中比较有影响力的建筑。

表 1-1 美国一些代表性的高层建筑

时间	建造地点	建筑名称	层数	高度/m	备注
1883 年	芝加哥	家庭保险公司大楼	11	55	世界上第一幢钢结构高层建筑(图 1-1)
1907 年	纽约	辛尔大楼	47	187	世界上第一幢比金字塔高的近代高层建筑
1931 年	纽约	帝国大厦	102	381	20 世纪前半叶世界最高的摩天大楼(图 1-2)
1967 年	芝加哥	Lake Point Tower	74	262	世界上第一幢最高的钢筋混凝土公寓建筑
1972 年	纽约	世界贸易中心(已毁)	110	412	钢结构高层(图 1-3)
1974 年	芝加哥	西尔斯大厦	110	443	当时世界最高的建筑

亚洲地区的成就有目共睹（表 1-2 列举了一些在亚洲地区较有影响力的高层建筑），日本、韩国、中国、马来西亚、新加坡等地的大城市都是高楼林立，一派高密度高层建筑的现代化大都市景象。继马来西亚吉隆坡的佩重纳斯大楼（Petronas Towers）之后，我国的"台北国际 101 金融大楼"（Taipei 101）又以 508m 的高度，一度成为世界第一高楼。近年来，中东地区也通过大型建筑项目吸引了全世界的目光，由美国 SOM 建筑事务所设计的"迪拜塔"（又名"哈利法塔"，Burj Khalifa Tower），又以 828m 的高度超过"台北国际 101 金融大楼"，成为世界上最高的建筑物。

可以这样说，高层建筑是人类社会城市化、现代化、高科技化发展进程中的产物，它的出现不仅满足了人们的基本物质要求，更主要的是满足了人们在精神上及商业利益上的需求。

表 1-2 亚洲地区较有影响力的高层建筑

建筑名称	时间	建造地点	层数	高度/m
台北国际 101 金融大楼	2004 年	中国台北	101	508
佩重纳斯大厦(图 1-4)	1996 年	马来西亚吉隆坡	88	452
金茂大厦	1998 年	中国上海	88	421
香港国际金融中心二期	2003 年	中国香港	88	415
中信广场	1997 年	中国广州	80	391
地王大厦	1996 年	中国深圳	69	384

图 1-1　家庭保险公司大楼

图 1-2　帝国大厦

通过对高层建筑发展的历史回顾，我们可以清楚地看到，它从无到有，从仅有 10 层的高度向 100 多层或更高的超高层发展，走过了一条从诞生到成熟的艰辛长路，但高层建筑自始至终都是顺应时代发展的，无论我们赞同还是反对摩天楼，在现实中这种建筑类型都会继续存在，并将走上可持续发展的技术创新之路。

图 1-3　世界贸易中心建筑群

1.1.2　学术研究意义

人类社会已经跨进 21 世纪，高层建筑与技术的互动发展曾经贯穿了整个 20 世纪，现今又呈现出许多新特点：一方面，20 世纪 60 年代以来出现的环境破坏、能源危机等一系列问题，让人们感到技术的局限与无奈，从而引发了建筑领域对技术、技术思维和理念的反思；另一方面信息技术的高速发展，正在极大地改变着社会生活，技术创新已经发展到临界状态，也必将带来建筑学的巨大变革。

20 世纪，尤其是它的下半叶，伴随着电子技术的突破，信息产业材料工业的快速发展，高层建筑也在日新月异地展示着它的突飞猛进，高层建筑竞相攀"高"、竞相斗"奇"。"9·11"纽约世界贸易中心的双塔遭劫后，人们也开始反思高层建筑的得与失，首当其冲的是对于高层建筑存在价值之争。

一方面，持肯定态度者认为：高层建筑具有其自身"得天独厚"的先天优势。它直插云霄的向上态势，集中代表了人类生产力发展的水平，体现了人类征服自然的伟力。此外，高层建筑也能解决许多实际问题，例如：占地面积小、能充分利用土地资源，一定程度上缓解了城市人口迅速增长、城市化进程加快所带来的过度拥挤；大大缩短了城市基础设施，避免重复建设，对城市面貌特别是旧城改造，提供了新的解决途径，被认为是"城市中心复兴的希望"。

另一方面，持否定态度者认为：高层建筑存在着"致命"的缺陷，甚至其存在价值也受到怀疑。高层建筑产生的根源在于个人力量的显示，往往是商业竞争驱动和推进的结果，并且永远是昂贵的；高层建筑对城市

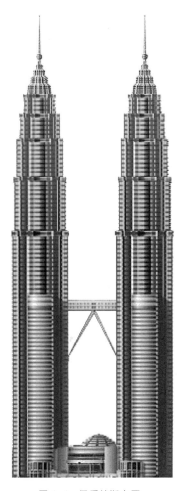

图 1-4　佩重纳斯大厦

环境的恶化负有不可推卸的责任；城市中高层建筑密集常常导致公共交通和停车场容量紧张的状况；巨大的尺度破坏了城市环境形态的延续性。

不难看出，上述两种观点截然对立。任何事物都是一分为二的，观察视角不同，自然产生的结果各异，这就需要我们能够站在更高的视野上，把握主流、分清支流、认清方向。高层建筑能在世界各国普遍兴起与发展，必然有其发生、存在与发展的客观原因，我们既不能盲目推崇，也不能轻率否定。"9·

11 事件"的发生并不是高层建筑的过错，它有着更深层次的政治、社会、经济、宗教等诸多方面深刻的社会背景。所以不能因为"9·11 事件"本身而否定高层建筑，但选择高层建筑的方案应持更慎重的态度，通过设计者的创造性劳动弱化甚至于消除种种弊端。

以现在的设计施工水平和高强度钢材、高速电梯的性能来讲，人类可以把高层建筑建到更高的高度，正如美国 SOM 设计事务所著名的结构工程师法兹勒·康所说的那样"今天建造 190 层的建筑，技术上已经没有任何困难，……"[2] 但是技术上的限制解除之后，是无约束的"能所为者必为"，还是坚持技术创新的理性应用，将之与环境和文化协调发展，以取得更好的综合效益，才是我们需要面对的问题。高层建筑的发展依赖于技术创新，在高层建筑的实践活动中，如何把技术完美应用并理性把握，创造出更优秀的高层建筑作品，这才是所有建筑师的责任。

《国家中长期科学和技术发展纲要》提出了建立创新型国家的具体目标。高层建筑作为一种适应性十分广泛的建筑类型，早已打破地域与国界的限制，其创作实践与理论研究的重点，应该立足于社会发展变革的大趋势，借助物质技术因素的不断创新、创造未来。在国际合作日益频繁的今天，中国建筑师有了长足的进步，并在逐渐与国际接轨；华人青年建筑师马岩松在加拿大多伦多地区的密西沙加市设计的一栋 50 层高的地标性公寓楼"梦露大厦"（图 1-5）在设计比赛中力拔头筹，"梦露大厦"以横向的线条和弯曲的曲线表达了其对于高层建筑的理解。

图 1-5　梦露大厦

21 世纪建筑技术仍将以较快的速度发展，高层建筑也仍将是人类追求的目标，在这样的现实下，研究技术创新视阈下的高层建筑创作，对发展和丰富现代建筑创作理论、指导创作实践、充分发挥技术创新对于人类文明进步的促进作用、实现人类文明的健康持续发展具有重要的现实意义，同时也可以为确定适宜我国的建筑技术发展战略和高层建筑发展战略提供必要的参考。

1.2
课题内容提出

1.2.1　技术创新在高层建筑发展中的地位

纵观整个技术创新的发展历史，始终体现出一些共同的内在特征，并在高层建筑发展过程中具有举足轻重的地位。以高层建筑的垂直运输技术为例，1830 年英国人把卷扬机用于多层厂房的货物运输。24 年后的 1854 年，美国人奥的斯（E. G. Otis）发明了升降机的安全装置。同时，纽约百老汇街和鲁姆街转角处的一幢五层楼房安装了第一部蒸汽客梯（速度为 0.2m/s）。三年后又把客梯再次安装在旅馆里。而后，于 1864 年开始在芝加哥使用奥的斯式客梯，开创了电梯乘人的历史纪元。在高层中首次使用安全电梯是 1870 年在纽约人寿保险公司大楼中，正像建筑学家佛列特齐（Fletcher）所说"电梯是高层建筑的母亲，电力的供应与工程技术的进步，使建筑师设想出越来越高的建筑，……"[2] 因此，电梯的作用无可置疑，进一步促进了建筑向高空延伸。技术创新是一个错综复杂的过程，在不同的历史发展时期，技术创新具有不同的内在特征。

1.2.1.1　技术创新的连续性

技术是把人们对自然的认识转化为改变自然的手段和方法，任何时期的技术创新都是建立在前人的技术基础之上的，是对以往技术的一种扬弃，因而技术进步具有连续性。古希腊、古罗马建筑，两千年来在欧洲一脉相承，后又经历了拜占庭建筑及中世纪哥特式建筑等几个重大的建筑形态的转换时期，形成了辉煌的西方古代建筑史。西方古代建筑以石材为主要建筑材料，在长期的实践中，古代西方人民不断探索和发展新的技术，尤其是建筑结构技术的不断创新，建造了许多宏伟的建筑。其精湛的石材加工技术、优越的拱券技术、先进的帆拱技术、高超的飞扶壁技术，至今仍是建筑史上的奇迹。

1.2.1.2　技术创新的阶段性

在技术创新的过程中，旧的技术不断被新的技术所替代，其原理不断发生量的变化，当原理变化的量累积到一定程度时，技术的功能便会产生质的变化，这种变化往往导致技术升级，形成技术创新的阶段性。纵观历史长河，无论中外，在19世纪之前的奴隶社会和封建社会时期，建筑技术进步相当缓慢，常常在几百年中没有什么进展。由于材料性能和材料技术水平的限制，建造的速度亦受到限制。但不可否认，任何一次建筑技术的进步，仍然推动了建筑水平的提高，创造出丰富的建筑形象。

1.2.1.3 技术创新的结构性

技术创新不仅仅是单项技术的进步，更重要的是技术结构的优化。一个国家或行业的普通技术转移到另一个国家或行业，通过与其原有技术体系进行新的组合，就有可能形成全新的技术体系，引起重大的技术创新。因此，技术创新具有结构性。不同的国家和地区，往往因建筑材料有所不同，而形成各具特色的技术体系。中国古代的传统建筑，主要是以木结构为主，而西方古典建筑则主要是以石材为主，几千年来都形成了完善的建筑体系，并创造了辉煌的建筑艺术。

1.2.1.4 技术创新的必然性

在人类社会的发展过程中，人们总是积极地利用自然力来改造自然界，并造福人类自身。但人类利用自然的愿望和要求与自然界可以利用的程度总是存在矛盾，解决这一矛盾的主要途径就是技术进步。为此，人类的生存和发展就必然要推动技术创新。一方面，人类努力寻求技术上可以不断突破创新之处，大大促进了社会的发展；反过来，社会的不断发展和进步，又使得技术创新成为一种必然。就是在二者的互动中，人类改造自然不断取得进步，社会飞速向前发展。

1.2.1.5 技术创新的社会性

在人类社会的发展过程中，一方面由于社会的不断发展和进步，必然推动技术的创新和进步；另一方面，企业推出新产品或新的服务等，大大降低了社会平均成本，从而取得竞争优势，必然导致其竞争对手加快创新步伐，所以，技术创新也从一定程度上推动了社会的进步和发展。因此，技术创新具有社会性。比如，19世纪中叶，钢铁、玻璃、水泥、钢筋混凝土等新材料、新技术在工业领域的应用逐渐广泛，并形成了生产上的规模化和体系化，为当时的先进技术在建筑领域的应用起到了很大的推动作用。

作为人类改造世界的实践活动，建筑的确与技术有着密不可分的天然联系，当人类建造出第一个遮风避雨的简陋的庇护所时，他们就运用了某种技术。技术创新对建筑的巨大促进作用贯穿了建筑史的始终。作为新时代社会生产力、社会需要、经济发展和科学技术发展的必然产物，高层建筑在这个发展的总趋势中表现出了更多的曲折、波动、折衷与兼容，正如恩格斯所说："历史是由一个合力推动前进的。"高层建筑的发展也是如此，也是由以生产力为根本动力的几个因素的合力推动前进的。科学技术是推动社会和建筑发展的决定性力量或主要动力。高层建筑的每一次巨大进步几乎都是以新技术、新材料的突破和创新为前提的，可以这样说，技术创新不仅促成了高层建筑的出现，而且成为了高层建筑发展的前提和依据。因此我们得到如下重要结论：高层建筑发展的原动力是技术创新，但并不否认政治、经济、社会、文化等因素的历史推动作用。技术创新在高层建筑的发展中具有举足轻重的地位。

事实上西方工业革命之后，科学技术对建筑的设计与风格产生了极大的影响。高层建筑是对结构技术、材料技术和设备技术等依赖性最强的建筑类型之一，技术的发展和创新减少了高层建筑在设计和建造过程中的制约因素，使建筑师在设计中有了更多的发挥想象力的余地，进而创造出更加丰富多彩的高层建筑风格。正是因为技术创新在高层建筑发展中具有重要作用，本文立足于技术创新视阈下的高层建筑创作研究，探索高层建筑技术创新的发展脉络、发展规律及技术对策，力图构建一个具有清晰逻辑框架和较强现实针对性的理论体系及研究平台，为后续相关课题的深入研究奠定坚实的基础。

1.2.2 技术创新视阈下的高层建筑发展态势

技术创新对高层建筑的巨大推动作用，在物质形态上，表现为结构、设备、材料及营建方式等四个方面的线索。

首先，在建筑结构的历史发展脉络中，始终伴随着技术创新。结构形式与体系的进化，来自于技术水平的不断提高，技术的进步为建筑结构的发展提供了巨大的可能性与创造力。18世纪的工业革命带来了社会生产力巨大的飞跃，生产技术和方式的根本变革促使先进的科技成果在建筑中不断得到运用，使得建筑结构不断地推陈出新。迄今为止，先进的结构形式和新型的结构体系可以说是异彩纷呈、不胜枚举，为高层建筑的进一步拓展提供了有力的技术支持。如坐落在阿联酋 Abu Dhabi 的 Al Reem 岛上的"美腿"大厦（图 1-6），两条性感漂亮的"腿"弯曲交错在一起，中部用一座天桥连接，形成了结构上的辅助支撑，该大厦被视作对传统高层建筑结构形式的挑战[4]。再如库哈斯设计的 CCTV 新总部大楼主楼（图 1-7）以一种让人瞠目结舌的结构形式挑战着人们的视觉极限，从概念上颠覆了所有人对摩天楼的传统认识，必将"推动中国高层建筑的结构体系、结构思想的创造"，也"将翻开中国建筑界新的一页"[5]。

图 1-6 "美腿"大厦

图 1-7 CCTV 新总部大楼主楼

其次，技术创新带来的设备发展变化，对建筑的影响也尤为显著。在工业革命之前的建筑活动中，基本上没有对建筑设备的使用。自 19 世纪 70 年代人类进入电气化时代以来，随着人工照明、电梯、通风空调等技术的出现，建筑的使用功能与空间构成模式都发生了极大的变化。建筑设备的水平也逐渐成为评价建筑的重要指标之一，并且，它在建筑中所占比重呈不断上升趋势。近年来，高层建筑中的空调系统、通风系统和供暖系统往往要与建筑物采用的被动式节能系统结合，还需要与各层楼面的布置以及其他节能设施整合在一起考虑，所有这些措施的目的都是为了减少建筑的居住者对传统系统的依赖性，并通过被动式的方法来降低建筑物的能耗。位于比利时布鲁塞尔的 Rogier 国际中心（图 1-8）项目"通过适当的综合遮阳系统和通风系统保证室内的热舒适度"，并采用"顶棚冷却系统进行制冷"，同时在"屋顶安装风力涡轮发电机"，这些技术创新都是以低能耗技术为特征的[6]。

再次，建筑材料作为一切建筑活动的物质基础，其发展进程同样体现出技术创新的巨大作用。人类最初应用的建筑材料大多取自于天然材料，由于加工技术的低下，多采用其原生质感。真正具有革命意义的飞跃还是 18 世纪下半叶工业革命以来，技术创新带来的新型材料大量涌现，这是促成建筑，包括高层建筑，飞速发展的一个根本原因。在高层建筑中，近年来常常采用最新的生态建材，比如透明绝热材料、玻璃材料、太阳能光电材料等。以太阳能光电材料

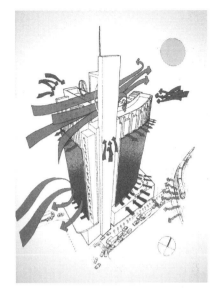

图 1-8　Rogier 国际中心遮阳和通风设计示意图

为例，它们一般与其他建筑材料和构件融为一体，成为建筑整体的一部分，如太阳能光电屋顶、太阳能电力墙以及太阳能光电玻璃等，它们可以获得更多的阳光，产生更多的能量，还不会影响建筑的美观，是未来生态建筑的复合型材料，具有科技美感和艺术美感。仍旧以 CCTV 新总部大楼为例，设计没有采用传统的建筑表皮，而是采用了类似微生物皮肤肌理的外表，表皮由"细小的鳞片组成""多层隔热玻璃以及编织形态的细金属网组成外墙"，这样的创新是建筑"适应性"的体现[7]。可以预见，随着材料技术的创新发展，势必将在人类的建筑活动中发挥更为重要的作用。

另外，建筑营造是人类利用工具、设备、材料等技术手段进行施工活动的过程。从原始的绑扎法发展到今天的以工业化体系、施工成套技术、机械化施工、工厂化和社会生产、应用高新技术和科学化管理为特征的现代建筑营建技术，可以说是发生了翻天覆地的变革，也使得建筑质量大为提高，这同样也是体现技术创新对建筑直接作用的一个重要方面。许多高层建筑在施工营造过程中都采用了技术创新，并取得了成功。香港国际金融中心二期施工时为配合紧迫的工期，采用"逆序"手段建筑钢悬臂梁——让建造中心结构的滑升模板先越过钢悬臂梁的结构范围，然后才安装钢悬臂梁，这一施工技术的创新节省工期约 5 个月[8]（图 1-9、图 1-10）。再如北京中国银行大厦在施工过程中采用的地下连续墙施工技术，解决了很多国内地下墙施工中从未有过的技术难题：

①在大范围深基坑回填土上进行地下连续墙作业；②应用了深支护的"连续墙格构支撑"方法，解决了由于受周边保留建筑影响在－10.0m以上不能设锚杆的问题，提供了一种可借鉴的方法；③在国内首次试验应用了"可折芯锚杆工艺技术"和超长钢筋网片"柔性整体吊装法"等施工技术[9]。

图 1-9　开挖完成后的国金二期大楼基坑

图 1-10　采用爬模施工的核心筒

综上所述，技术创新对于高层建筑而言具有革命的原动力作用。在历史发展长河中，技术创新始终扮演着革命者的角色，推动并促进了建筑成就的极大丰富，正如密斯所说："技术远不止是一种手段，它本身就是一个世界"[10]。只有当技术在宏伟的建筑物上充分发挥了作用，它才能显现出自身真正的本质。因此，从某种角度上应当说，技术创新才是建筑发展的真正原动力，由于它不像风格、形式那样易于受到关注，因此长期以来是作为隐性事实而存在的。

1.3
研究动态

1.3.1　文献综述

1.3.1.1　学术活动与成果

1996年，国家建设部在原有技术政策的基础上修订颁布了从1996～2010年的建筑设计技术政策，作为振兴建筑业、促进建筑技术进步的宏观指导性文件，确定了今后 15 年的建筑技术发展方向、技术路线和重大技术措施[11]。

1999 年在北京召开了第 20 届国际建筑师大会，其主题为"面向二十一世纪的建筑学"，通过了作为 21 世纪建筑发展的纲领性文件——《北京宪章》。在这次大会上，将"建筑与技术"列为会议主要议题之一，指出"21 世纪将是多种技术并存的时代""充分发挥技术对人类社会文明进步应有的促进作用，这将成为我们在新世纪的重要使命"[12]。

吴良镛院士在《广义建筑学》中也曾经指出，"广义建筑学要求综合全面地看待技术在营造中的作用，并且把技术与人文、技术与经济、技术与社会、技术与生态等各种矛盾综合分析，因地制宜地确立技术和科学在当时当地营造中的地位，探索其发展趋势，积极有效地推进技术的发展，以求得最大的经济效益、社会效益、和环境效益"[13]。

国际上对于高层建筑的研究是多层次、多角度的，高层建筑与城市环境协会（CTBUH）是一个非营利组织，致力于研究高层建筑，由"高层建筑与城市环境协会"主办的国际会议也频繁召开，其内容从结构抗震到生态、智能技术，无不与高层建筑联系紧密，表 1-3 中所列的会议主题反映出了国际建筑界对高层建筑这一特定类型的建筑形式给予的极大关注。

表 1-3 高层建筑与城市环境协会（CTBUH）主办的高层建筑国际会议统计情况

届次	时间	地点	会议主题
第一届	1972	美国伯利恒	高层建筑的策划与设计
第二届	1977	法国巴黎	生活和工作的城市空间
第三届	1986	美国芝加哥	摩天楼的第二个百年
第四届	1990	中国香港	高层建筑:2000 年及以后
第五届	1995	荷兰阿姆斯特丹	环境与高层建筑:传统与革新
第六届	2001	澳大利亚墨尔本	第三个千年里的城市
第七届	2004	韩国首尔	历史古城中的高层建筑

此外，2002 年 8 月由中国建筑学会、哈尔滨工业大学建筑设计研究院、北京 2M＋A（法国）建筑设计咨询公司联合举办的"高层建筑与智能建筑国际学术研讨会"的召开，为繁荣国际学术交流、促进中国建筑业的蓬勃发展做出了贡献。会上许多国际知名专家学者就高层建筑展开讨论，美国 NBBJ 事务所首席设计师彼德·普朗（Peter Pran）先生作了题为"基于高层智能建筑创新的城市建筑活动——摩天楼是现代城市对未来的希望宣言"的主题报告[14]，同济大学的戴复东院士作了题为"运用高科技，开发高智能，实现高生态，高

层才感人——未来高层超高层建筑的发展方向"的主题报告[15]，哈尔滨工业大学的梅洪元教授作了题为"中国高层建筑创作理论研究"的主题报告[16]，深圳大学的覃力教授作了题为"高层建筑设计的一种倾向——大规模高层建筑的集群化和城市化"的主题报告[17]，他们都从不同角度探讨了高层建筑的发展问题。

1.3.1.2　重要的学术著作和学术论文

《高层建筑设计手册》（雷春浓先生编著）：阐述高层建筑设计理论和设计方法，全书共分 10 章，全面介绍了高层建筑规划布局与策划要求、高层建筑平面设计、标准层及相关楼层设计、高层建筑造型设计及艺术处理方法、交通运输设计、内外空间环境设计、结构设计概念与结构形式选择、建筑设备要求及智能化技术要点、建筑防火设计、高层工业厂房设计的创作经验等。作者在论述每个专题时，运用了大量的实例和图表，注重了学术思想的多元性、理论与实践的兼容性[18]。

《高层建筑设计》（美国高层建筑与城市环境协会著）：这是一部由世界各国的 32 位高层建筑专家合作撰写的权威专著。全书共 12 章，主要内容包括三大部分：建筑设计、立面设计、材料与结构，书末还附有 300 个著名高层建筑实录，具有很强的实用价值[19]。

"中国高层建筑创作理论研究"（哈尔滨工业大学梅洪元教授的博士学位论文）：从当前中国高层建筑发展现状和创作理论研究形势入手，系统考察了高层建筑城市化趋向产生的时代背景、内在动因及发展走向；揭示了高层建筑与城市同构、城市互适的内在关系；从城市的角度在空间结构、形势语境、环境系统三个方面对高层建筑本体进行了深入剖析，指出了高层建筑与城市从对立走向统一、从冲突走向和谐、从竞争走向协同的辩证运动规律。在创作方法论的研究中，则着重从空间、形式、环境三个方面加以阐释，系统地提出了可持续发展的对策[20]。

《高层建筑设计与技术》（刘建荣先生主编）：该书针对工程设计过程中设计负责人应具备的相关专业知识，全面论述了高层建筑内外空间环境、平面空间布局、建筑造型、结构技术、防火技术、构造技术、设备技术等的协调配合关系。各章均列举了大量工程实例，是一部资料翔实的专业图书[21]。

"日本高层建筑"：源于覃力先生的博士论文，从日本高层建筑之路、日本现代高层建筑的特征、日本高层建筑专题讨论等几个部分详细阐述了日本高层建筑的发展历程以及取得的成就与不足，具有很强的借鉴意义与实用价值[22]。

　　以上列举的著作和论文分别从不同的角度为本书的研究奠定了认识平台和理论依据。

1.3.1.3　资料统计及分析

　　为了完成课题的研究与本书的编写，笔者查阅了大量的相关资料，特别是针对高层建筑和技术创新方面的各类图书、学位论文以及公开发表的学术论文等，前文提及的几部著作就是在该领域较有代表性的研究成果。除此之外，国内外还有一些学者在相关技术领域进行了各自的研究。

　　关于高层建筑，许多专家学者撰文论述美国高层建筑的发展历史，为我们研究高层建筑提供了翔实的第一手资料，如戴复东先生曾在《世界建筑》1991年第四期上发表文章"美国高楼概述"[23]。戴复东先生与戴维平先生在《世界建筑》1997年第二期上发表的"欲与天公试比高——高层建筑的现状及未来"一文中指出，高层建筑有向智能化、生态化、摩天化、动人化进行发展的趋势[24]。覃力先生的论文"现代建筑创作中的技术表现"，对于当前世界范围内注重技术表现的建筑创作倾向进行了研究[25]。同时还有另外一些学位论文如清华大学艾志刚的"高层建筑发展与设计研究"[26]、同济大学柳亦春的"高层、超高层建筑设计的合理性"[27]、深圳大学赵阳的"中日高层建筑空间构成模式比较"[28]、东南大学李文的"高层建筑设计美学初探"[29] 等也都从不同角度对高层建筑进行了研究。同济大学蒋玮的论文"当代高技术建筑的情感化趋向"从情感化趋向产生的成因、表现及展望等三个方面对高技术建筑的发展方向进行了探讨[30]；任坚的论文"高技派建筑与手法主义"则分析、归纳了高技派建筑与手法主义相结合的途径和表现出的外在特征[31]；清华大学邹永华的论文"注重技术因素的建筑设计理念及方法研究初探"则从技术角度分析、归纳了建筑设计的理念及方法[32]。

　　德国建筑师和教育家克劳斯·丹尼尔斯（Klaus Daniels）在"低技术、轻技术、高技术——信息时代的建筑"中探讨了多层次的技术观念[33]。著名的建筑评论家查尔斯·詹克斯（Charles Jencks）在 1995 年出版的《跃迁的宇宙中的建筑》一书中用现代科学的复杂性来解释西方当代的建筑理论化，并认为未来的建筑应当追随宇宙观[34]。天津大学的曾坚教授在《当代世界先锋建筑的设计观念——变异 软化 背景 启迪》一书中论述了后现代时期的三种主要建筑流派对于技术的态度[35]。美国麻省理工学院教授及媒体实验室创办人尼葛洛庞帝（Negroponte）在《数字化生存》中描述了数字科技为我们的生活、工作、教育和娱乐等带来的各种冲击和其中值得深思的问题[36]。

出于广泛收集资料、认真对比研究的目的，通过国际互联网以及实地查阅，作者对中国国家图书馆（National Library of China）、国家科技图书文献中心（National Science and Technology Library）的资料进行了细致地查阅。

（1）中国国家图书馆（National Library of China）

在国家图书馆中以高层建筑、技术、技术创新、技术表现等关键词采取不同的组合方式进行检索，竟然没有从"技术"角度对高层建筑进行研究的任何中外文资料。意外之余，作者又在国家图书馆中以"高层建筑"作为关键词进行检索，其结果如表 1-4 所示，在学位论文总库中查到有 237 篇博士后、博士、硕士学位论文。其中，博士后研究成果 5 篇，如表 1-5 所示，并没有"建筑设计及其理论"专业的学术论文；博士论文数目 195 篇，其中只有 4 篇属于建筑学专业（见表 1-6）。

表 1-4　"高层建筑"检索情况统计

检索方式	高层建筑/篇
学位论文总库	237
中文及特藏文	460
外文文献数据	3

表 1-5　"高层建筑"相关文献中博士后报告统计情况

	著者	题名	资料类型	出版年
1	高维成	环境激励下复杂结构的多维 ARX 模型模态识别及其在穹顶结构中的应用研究	博士后报告	2002
2	贡金鑫	工程结构可靠性基本理论及其分析方法的研究	博士后报告	2001
3	陈沈来	钢与混凝土组合梁有限元分析	博士后报告	2000
4	彭福军	高层建筑风振响应的前馈自适应控制	博士后报告	1994
5	邸元	钢筋混凝土高层建筑结构 CAD 系统的研究开发	博士后报告	1994

表 1-6　"高层建筑"博士学位论文统计情况

	著者	题名	资料类型	出版年
1	覃力	日本高层建筑研究	博士论文（导师卢济威）	2006
2	梁呐	绿色生态高层建筑设计研究	博士论文（导师戴复东）	2004
3	梅洪元	中国高层建筑创作理论研究	博士论文（导师侯幼彬）	1999
4	艾志刚	高层建筑发展与设计研究	博士论文（导师汪坦）	1994

（2）国家科技图书文献中心（National Science and Technology Library）

同样，在国家科技图书文献中心以高层建筑、技术、技术表现、技术创新等关键词采取不同的组合方式进行检索，结果与国家图书馆类似，无论是中文库（包括中文会议论文、中文学位论文、中文期刊、中国国家标准、计量检定规程库），还是西文库（包括外文会议论文、西文期刊、国外科技报告、外文学位论文、国外标准），基本没有相关资料，只在输入"高层建筑技术"标题检索时，查找"中文会议论文、中文期刊"中有 1 条记录，是祝英杰所著的文章"超高层建筑技术发展现状"，发表在《工业建筑》1999 年第 4 期上[37]。作者又输入"高层建筑"这一较大范畴的词条进行检索，查找"中文学位论文"共有 605 条记录，其中建筑学专业论文 83 篇，详细统计见表 1-7。

表 1-7　在国家科技图书文献中心检索"高层建筑"统计情况

研究角度	篇数	举例
美学意义	2	高层建筑的美学意义研究
城市角度	13	城市与建筑的共生——具有城市意义的高层建筑控制方法探析
造型形式	12	高层建筑形式构想与设计
发展演变	6	现代高层建筑发展及其演变
空间环境	21	论综合型高层建筑底部空间设计
结构类型	6	高层建筑的结构构思
平面设计	4	城市设计中高层建筑的总平面设计
地域	8	重庆"外滩"风貌与高层建筑综合体设计
可持续发展	2	可持续发展与现代高层建筑设计
交通组织	2	高层建筑外部交通组织
其他	8	高层建筑支持服务系统

再关注一下国内近几年期刊相关课题的研究情况，我们选择在国内建筑领域具有代表性的各种期刊，如《建筑学报》《世界建筑》《时代建筑》《华中建筑》《新建筑》等作为统计的第一手资料，有关文章以方案介绍为主，尽管我们的统计不可能做到面面俱到、十分详尽，肯定会有所疏漏，但仍旧可以看出国内建筑界对于该课题的研究情况。

通过上面的资料统计可知，真正从理论上研究高层建筑技术创新的书籍和文献少之又少，而从"高层建筑"这一较宽泛的范畴检索结果来看，剔除掉结构工程、岩土工程、环境工程等其他专业的论著外，真正属于"建筑设计及其理论"专业的资料也并不太多，从上文几个表格的统计情况来看，近年来理论界对于高层建筑的研究多是针对实际方案的介绍，而在理论研究方面，这些资料的研究内容还主要集中在美学意义、城市角度、造型形式、空间环境、结构类型、平面设计、交通组织等方面，且都是一些整体性、介绍性的文章。对于真正推动高层建筑向前飞速发展的建筑技术、技术创新等内容却少有涉及，有限的研究也只是集中在宏观的论述上，并未真正深入到技术层面，深刻剖析"技术创新"对高层建筑的内在影响。当然这在很大程度上与国内建筑界重艺术、轻技术，建筑技术的研究滞后这一现状是一致的。因此导致在建筑学研究的成果中，美学、空间、造型等内容占据了绝对的优势。

基于对以上资料的粗浅把握，我们对当前高层建筑技术创新的研究概况进行总结，以便为本书的研究寻找合适定位。我们认为：有针对性地研究高层建筑设计中技术创新的资料甚少，这反映出国内建筑界对于高层建筑技术创新这一课题缺乏足够的重视与了解。因此本书立足于技术创新来研究高层建筑设计，以性状解析、规律揭示为目的，力求探寻高层建筑设计与技术创新之间的深层关系，为确定适宜我国的建筑技术发展战略和高层建筑发展战略提供必要的参考。

1.3.2 相关理论

从技术角度研究高层建筑，必然要涉及技术范畴和与技术密切联系的建筑范畴的相关理论。从研究过程中所涉猎到的资料来看，对于课题研究产生影响和作用的理论有如下一些方面。

（1）技术创新经济学

美国著名经济学家曼斯菲尔德和比尔科克等人，通过对技术变革、扩散与转移等方面的深入研究，对熊彼特的创新思想进行了推广，形成了独树一帜的技术创新理论，并由此创立了技术创新经济学。该理论认为"技术的进步与创新是经济增长的决定因素"。创新首先是一种新思想的产生，然后是新产品的设计、生产与销售及新知识的创造、传播与应用。新思想的获得会促进新技术的改进，而融入新思想的制度安排会更加有效地进行资源配置。这种技术创新经济学的原理，在建筑产业也得到了极大应用，作为一个重要的学术视角，技术创新经济学对本文研究具有一定的借鉴意义。

（2）技术哲学

公认的看法是，尽管德国的卡普在 1877 年就出版了论著《技术哲学原理》，但作为学科真正出现却是在 20 世纪的六七十年代。技术哲学的研究主要涉及技术观、技术与自然、技术与文化、技术与价值、技术与政治和技术的社会控制等方面。它既是一个哲学的分支学科，又是一种新的哲学传统、哲学视角和哲学眼光。近来，技术哲学研究发展较快，一些重要的专题都得到较为深入的探讨，我国的一些学者在这方面成果颇丰，提出了自己的创见，如吴国盛指出"技术正在或即将成为哲学反思的中心话题"[38]。学者们关于技术哲学的思想会直接影响到建筑及其他领域中对于技术的态度。

（3）技术社会学

这门学科是将技术看作一种特定的社会现象，运用社会学的观点和方法，研究技术与社会相互作用、协调发展的动力学机制的科学，是技术学的分支，是社会学与技术学相互交叉的学科。技术社会学的研究内容主要包括两个方面：其一是社会对技术的影响，即技术发展的社会机制；其二是技术对社会的影响，即技术的社会功能。现代信息技术将引发一个技术社会化的过程，因此作为一个重要的学术视角，技术社会学对于论文课题的研究具有重要的借鉴意义。

（4）技术美学

技术美学是从美学与技术相结合的角度，将美学应用于技术领域的一门新兴学科。这一学科研究的中心范畴是技术美，着重从技术领域的角度和范围来研究美和审美的问题，将美学延伸到现代化技术中。20世纪上半叶，德国的一些建筑师、设计师和工艺美术家注重新材料、新技术、新工艺的应用，注重将艺术与技术迅猛发展的现代社会密切结合，他们的实践为技术美学最终成为一门独立的学科起到了奠基的作用。20世纪50年代原捷克的一位设计师和艺术家佩特尔·图奇内最早使用"技术美学"这一名称并未被多数美学家所接受。20世纪80年代技术美学传入中国，并迅速发展。在国内的美学领域研究中，徐恒醇的《技术美学原理》[39]、万书元《当代西方建筑美学》[40] 和赵巍岩的《当代建筑美学意义》[41] 等学术专著，论述深刻很具启发性。

（5）技术经济学

技术经济学是一门研究技术和经济之间辩证关系的新学科。它是从经济角度研究在一定社会条件下的再生产过程中即将采用的各种技术措施和技术方案经济效果的科学。其研究目的是通过对各种技术方案的分析、对比、论证和择优过程，选定符合本国和本地区资源特点和经济条件的技术，使之有效地服务于社会经济建设。技术经济学的主要研究内容包括：①技术经济学学科本身的建设。即包括研究技术经济的含义，技术经济效果的概念，该学科在国民经济中的地位，它的研究对象、内容、基本理论和方法等一系列问题。②技术经济比较原则。即从经济学角度研究国民经济生产建设中两个以上技术方案在满足需要、消耗费用、价格指标和时间因素四个方面的可比性。③技术方案的经济衡量标准。它主要研究在衡量技术方案的先进性时，如何考虑国民经济按比例发展的需要和经济效果讲究。④技术经济计算方法。即研究技术方案经济比较的计算方法，投资、劳动力资源占用量的计算方法，成本和资源占用量的计算方法，等等。⑤技术方案的各种技术经济指标体系。这些理论对于本文研究具有一定的借鉴意义。

（6）高技派建筑

又被称作高技术建筑，出现于 20 世纪 60 年代，在建筑中极力推崇采用和表现高技术。早期的高技派建筑对艺术持否定的态度，建筑的高能耗、高造价等局限性一度曾遭到人们的批评和指责，80 年代中后期以来，高技派建筑逐步转向成熟。一些具有代表性的高技派建筑师及其高层建筑作品中所蕴含的创作观念和技术思想，非常值得探讨，也将是本课题研究中重点考察的对象。

（7）生态建筑学

20 世纪 60 年代美籍意大利建筑师保罗·索勒里（Paola Soleri）将生态学（ecology）和建筑学（architecture）两词合并为"Arcology"，提出"生态建筑学"的新理念。1969 年麦克哈格（Lan L. McHarg）所著的《设计结合自然》一书的出版，标志着生态建筑学的正式诞生，并由此建立了理论基础。1995 年克劳斯·丹尼尔斯（Klaus Daniels）发表的专著《生态建筑技术》（the technology of ecological building），对于生态建筑的基本原理及各项技术措施进行了具体清晰的介绍，对于当代建筑的理论研究和创作实践都具有积极的指导作用[42]。2003 年布赖恩·爱德华兹（Brian Edwards）发表的专著《可持续性建筑》（sustainable architecture），详细讲述了一系列与建筑实践有关的、重要的生态原则[43]。

1.4
研究方法与本书构成

1.4.1　研究方法

本书自确定选题方向后，经历了三个研究阶段。第一阶段约一年时间，用于掌握并熟悉基础资料，寻找切入点。在此期间，笔者查阅了大量相关文献资料，深入思考并安排了实地调研。同时，也多次与导师进行讨论，不断调整思路，并初步形成了研究的理论框架。第二个阶段约半年时间，用于形成论文提纲。主要方法是将思考的问题整理汇总，结合研究的理论框架，形成提纲草案，征询导师的意见，在深入讨论的基础上，再进行修改，最终提出自己认为比较成熟的提纲；这期间仍然穿插完成资料的收集工作，并与第一阶段的成果相配合，形成较完整的资料体系，为深入写作奠定坚实基础。第三个阶段时间较长，用于本书的撰写，结合提纲做局部调整后，按章节铺开撰写，同时对关键问题做出进一步思考，并尽可能在文章中表述清楚。

本书在研究方法上存在诸多难点，尤其是缺乏合适的参照系，本书研究的方法归纳起来主要有以下几点。

① 比较研究法。课题研究中较多地运用了比较研究方法，这种方法有利于理论研究接近问题的实质，避免流于浮躁和空洞。

② 类型学方法。在课题的研究过程中，还借鉴了类型学的方法，将已有的建筑现象和原理加以分类总结，归纳出若干种基本的形式，并从基本形式的变化要素中寻找出规律性的本质，同时也使得理论的研究和阐述更具明晰的脉络。

③ 学科交叉方法。课题的研究过程中，将视野拓展到相关的学科领域，涉及技术哲学、技术美学、技术社会学、技术经济学、技术创新学、系统论、信息论等众多学科的交叉，既包括自然科学又包括人文科学，既有工程技术层面的研究又有艺术审美层面的探讨。这种交叉学科的研究，使得研究成果具有更广泛的理论基础，也更具有理论价值。

1.4.2 本书构成

本书的研究对象是高层建筑设计中的技术创新，回溯历史不难发现，以往任何建筑形式演进的背后，都蕴藏着非常惊人的技术进步。客观上讲，自19世纪的工业革命至今，现代建筑的发展变化经历了三次重大的技术革命。

第一次技术革命是"材料技术"与"结构技术"的革命。19世纪工业革命以后，大量运用的钢铁、玻璃和混凝土等人工合成材料，替代了砖石、木材等自然材料，建筑在高度、跨度和空间组织的灵活性等方面获得了解放，产生了过去从未有过的建筑形式和建筑流派。

第二次技术革命是设备技术的革命。20世纪以来，电梯、自动扶梯、人工照明、水处理、人工通风、空调等新技术不断涌现，建筑使用功能与建筑空间的构成模式随之发生了不小的变化。

第三次技术革命是信息技术革命。20世纪70年代以后，计算机、光纤通信、电子技术和节能技术等高新技术进入建筑领域，自动化的楼宇管理系统、防灾报警系统、保安监控系统的发展，以及可持续发展的建筑观和环境意识的确立，使得当今的建筑朝着智能化和生态化的方向发展。

如果说第一次技术革命是以机械化为特征，第二次技术革命是以电气化为特征，那么新技术革命则是以自动化、信息化、智能化为特征的。高层建筑发展的百多年历史也见证了这三次技术革命。从根本上说，建筑技术是一种理性行为，但它的进步从思想深处影响了人们对技术的态度。今天的人类普遍关注人与自然、人与世界的关系，走可持续发展的道路。正是对现代科学技术观的批判与超越，才奠定了今天人类科学技术观的价值取向。

本书正是基于高层建筑发展的特定历史背景与技术创新的巨大作用，在技术创新视阈下考察高层建筑创作，对高层建筑在当代发展的现状、规律进行解析与揭示，力求探寻高层建筑与技术创新之间的深层关系，并为确定适宜我国的高层建筑技术发展战略和高层建筑创作提供必要的理论依据和参考。本书内容共5章，主要内容如下。

第1章绪论。主要内容包括课题缘起（学术研究背景、学术研究意义）；课题内容的提出；研究动态（文献综述、相关理论）；研究方法与本文构成。

第2章高层建筑与技术创新。主要内容包括对于技术、技术创新等基本概念的界定；对于我国建筑业技术创新现状的分析；对于高层建筑与技术创新关系的分析以及当代高层建筑技术创新理论。

第3章高层建筑功能设计中的技术创新。以高层建筑功能作为核心话题展开论述，指出在功能合理的基础上，最大化地满足高效性和平衡性才是高层建筑技术创新追求的目标，本章从上述的两个层面出发，寻求如何利用技术对策实现高层建筑的高效性与平衡性。

第4章高层建筑环境设计中的技术创新。从深层的视角来审视建筑环境所追求的内涵，指出高层建筑技术创新的目标是使高层建筑最大化的满足生态化——自然性和人性化——舒适性需求，应不断发现和利用新技术手段来达到这样的目标。本章内容就是从外部环境的城市化与生态化、内部环境的人性化与生态化两方面来解析高层建筑环境的技术创新，并从这两方面入手寻求如何利用技术对策来实现高层建筑的自然性和舒适性。

第5章高层建筑形式设计中的技术创新。从形态学角度入手，指出高层建筑形式创作是一个复杂综合的过程，应力图创造建筑形式上的外在美和内在美。本章内容就是从这两个方面入手寻求如何利用技术对策实现高层建筑的形式设计目标。

02

第 2 章

高层建筑与技术创新

2.1
关于技术创新

在建筑发展的历史中，技术起着支持或约束的作用，它为风格的产生、演替提供可能和限制。在特定的时期中，先进的技术还可以成为一种推动力和催化剂，带动、促进建筑的进步。那么究竟何为"技术"，何为"技术创新"，本节将针对这两个概念进行解析。

2.1.1　建筑技术

2.1.1.1　技术

"技术"（technology）一词源于希腊文 Technologia，原意是指个人的技能、技艺、能力。

18 世纪法国唯物主义者狄德罗（Danis Diderot）主编的《百科全书》给技术下了一个简明的定义："技术是为某一目的共同协作组成的各种工具和规则体系"。

英国技术史学家查理·辛格（Charles Joseph Singer）认为技术是"人类能够按照自己愿望的方向来利用自然界所储存的大量的原材料和能量的技能、本领、手段和知识的总和"。在他的定义里，技术仅仅是生产技术。

英国经济学家费里拉（J. Friar）则认为技术"是指一种创造出可再现性方法或手段的能力，这些方法或手段能导致产品、工艺过程和服务的改进"。可以看出，查理·辛格和费里拉理解的技术是狭义的技术。

我国技术创新研究专家傅家骥在总结前人研究成果的基础上，认为技术"泛指人类在科学实验和生产活动过程中认识和改造自然所积累起来的知识、经验和技能的总和"[44]。在他的定义中，技术包括三个层次：生产中的技能、方法；生产工具及其他物质装备；组织与管理知识经验和方法。也就是说，他认为技术应该包括生产技术和管理技术，只有两者有效结合才能最大限度地发挥两者的作用。

从上述定义中可以得出这样的结论：从广义角度而言，技术是根据生产实践经验和自然科学原理发展而成的各种工艺操作方法与技能，此外，它还包括与之相关的生产工具和其他的物质设备以及生产的工艺过程和操作程序、方法。技术是科学知识与日常生产、生活之间的联系与作用媒介。本文中我们所讨论的技术是指促成和指导一切建筑形式产生的知识、经验、技能、工具和方法的总和。

2.1.1.2　建筑技术

对于建筑技术的概念，一直以来人们倾向于把它理解为施工技术。在《简明大不列颠百科全书》中就认为建筑技术是指"由特定材料构成建筑物时所采用的方法"[45]。

根据前文的关于技术概念的论述，可以把建筑技术理解为应用于建筑业的技术，是具体体现在建筑业所包括的规划、设计、筹集资金、采购、施工、维护和运行等各个阶段的知识、经验、技能、工具和方法的积累总和。建筑技术是在人类与自然界的长期斗争中形成发展的，其作用是在自然灾害与人类自身制造的危害中，保护人类自身以及生态环境，以提供更好、更理想，便于人类进行社会活动、经济活动及文化活动的场所。

随着科学技术发展和社会分工的深化，建筑技术逐步分化发展出了以建筑设计技术、建筑材料技术、建筑施工技术和建筑管理技术等为主干，横向密切协同、纵向分化细密的现代建筑技术体系。

作为开放的技术系统，建筑技术又不断地从相关产业技术的发展中吸纳新成果。这种纵横交错的相互作用是推动建筑技术体系发展的外因，也正是通过这种纵横交错的外部联系，建筑技术体系才被融入科技文化环境之中。从建筑技术发展历程来看，建筑技术的重大突破往往源于建筑材料的巨大变化。以建筑材料技术的发展为例，在大约公元1000年，桥梁的主要构成材料由木材转变为石材，该种材料的变化导致了桥梁建筑技术的重大变化，形成了一次技术创新高潮。1775年前后，又由于以铸铁为主导的材料取代了以往的石材，导致了桥梁建筑技术的第二次技术突破高潮。在1800～1920年这段时间里，新材料的出现和由此引起的相关新生产机械设备的出现导致了建筑业生产工艺出现连续的重大创新突破。例如，1824年Portland的砂浆专利、1850年加强混凝土技术、1856年贝西默（Bessemer）钢处理技术、1861年的第一架起重机技术、1885年的用于建造摩天大楼的钢结构框架技术和1912年的混凝土搅拌机设备，这些技术的出现导致了建筑业一次又一次的重大技术创新。

本书正是从技术创新的视阈出发，研究高层建筑创作问题，深入剖析技术创新对高层建筑创作所产生的深远影响，并对未来高层建筑发展的种种技术趋向进行探讨。

2.1.2 技术创新

对于技术创新的概念，目前学术界还没有形成统一的定义。

索罗（Solo）提出了技术创新成立的两个条件，即新思想来源和以后阶段的实现发展，被认为是技术创新概念研究上的一个里程碑。

1962 年，伊诺思（J. L. Enos）首次明确对技术创新下了定义，他认为：技术创新是几种行为综合的结果，这些行为包括发明的选择、资本投入保证、组织建立、制订计划、招用工人和开辟市场等。

林恩（Lynn）则首次从创新时序角度定义技术创新，认为技术创新是"始于对技术的商业潜力的认识而终于将其完全转化为商业化产品的整个行为过程。"[44]

曼斯费尔德（Mansfield）则将技术创新定义为："每一次引进一个新产品或新过程所包含的技术、设计、生产、财务管理和市场诸步骤。"[46]

弗里曼（Freeman）则从两个方面研究技术创新，一方面从经济角度来考察创新，另一方面把创新对象基本上限定为规范化的重要创新，他于 1973 年提出，技术创新是技术的、工艺的和商业化的全过程，其导致新产品的市场实现和新技术工艺与装备的商业化应用。后来，弗里曼在《工业创新经济学》修订本中明确指出，技术创新就是新产品、新过程、新系统和新服务的首次商业化转正。

美国国家科学基金会经过二十年的修正，认为技术创新是将新的或改进的产品过程或服务引入市场，明确将模仿和不需要引入新技术知识的改进作为最低层次的两类创新而划入技术创新的范畴之中。

20 世纪 80 年代，谬尔塞（R. Mueser）搜集了关于技术创新的 300 余篇论文，发现有 3/4 的论文关于技术创新的定义接近如下表述：当一种新思想和非连续性的技术活动，经过一段时间后，发展到实际或成功应用的程序，就是技术创新。在此基础上，谬尔塞将技术创新重新定义为：技术创新是以其构思新颖性和成功实现为特征的有意义的非连续事件。这一定义突出了技术创新的两个特性：一是活动的非常规性，包括新颖性和非连续性。二是活动必须获得成功[47]。

傅家骥主编的《技术创新学》中将技术创新定义为："企业家抓住市场的潜在盈利机会，以获取商业利益为目标，重新组织生产条件和要素，建立起效能更强、效率更高和费用更低的生产经营系统，从而推出新的产品、新的生产（工艺）方法、开辟新的市场、获得新的原材料或半成品供给来源或建立企业新的组织，它是包括科技、组织、商业和金融等一系列活动的综合过程。"[44]

技术创新定义的多元化和难以统一，一方面说明技术创新是一个动态的历史范畴，具有显著的时代特征，也是技术创新本身的内在要求；另一方面也说明技术创新的确复杂，客观上也要求我们必须用与之相适应的复杂性理论加以研究，才能透过其外在的一系列现象，揭示出不同的技术创新所共有的运行特征。

通过总结前人的理论，作者认为：技术创新是创新诸要素在不断与外界环境进行物质、信息和能量交换的基础上，创新主体通过创新中介作用而使创新诸要素协同匹配和诸环节上下耦合等非线性相关作用而自行组织生成的，能够带来经济效益、社会效益和生态效益的动态实践性活动和混沌过程。

如果说建筑技术创新是一个民族建筑业进步的灵魂，是一个国家建筑业兴旺发达的不竭动力，那么系统健全的技术创新观可以带来整个行业的良性运行和整个社会的协调发展。

2.2
我国建筑业的技术创新

2.2.1　障碍因素分析

相对西方发达国家而言，我国建筑工程服务属于劳动密集型的服务活动，中国的建筑队伍主要是靠农民工支撑，主导材料还是砖、瓦、灰、砂、石，手工业劳动处在主要地位，现代科学技术含量仍较低。因此，我国建筑业技术创新的确存在不少障碍，总结起来包括如下这些因素。

（1）传统的思想观念和文化

在中华民族的传统文化中，除了有丰富的创新精神外，还存在着不利于创新的负面因素。孔子教导人的"乐天知命"、董仲舒提出的"天不变，道亦不变"成了中国几千年来保守思想观念的总论和理论依据。保守者们不敢背经离道，因此画地为牢、墨守成规，久而久之，使人养成了"怕出头""怕变革"的病态心理。"木秀于林，风必摧之；堆出于岸，流必湍之；行高于众，人必谤之"，自己不进取，也反对别人出头，反对别人变革，形成一种奇特的"东方式嫉妒"。这些保守的传统思想，成为中华民族创新意识发展的阻力。

（2）建筑活动的特殊组织形式

建筑活动的组织形式会影响技术创新的实施。建筑产品是多技术系统的集成。建筑活动存在于一个临时的、集中于一个项目中的各个组织组成的联合体中。由于生产地域的不确定性，建筑企业不仅在空间处于离散状态，而且建筑业还不像一般的制造业一样享有区域的范围和规模经济的优势。由于项目的单件性和生产区域的离散性，企业与企业之间通常缺乏足够的、稳定的信息交流。一般来说，项目完成后，这个联合体就解散了。工程项目的独特性使得各环节的供应商在未来的项目中不一定重复，而工程集成的技术创新通常需要取得相应的工程设计、工程咨询、材料设备供应等单位的配合，是共同合作的活动。因此，这种独特的生产组织形式使得建筑业增值链上的各个部门不得不承担各自的创新风险和费用，这极大地限制了建筑业的创新。

（3）建筑活动的开放性

建筑活动是一个开放性活动，工程的各个部分相互关系且工程环境较难控制。作为复杂的开放系统，建筑业价值链前后各环节联系紧密，所涉及的行业极广，各行业所涉及的专有技术相差甚远。因此，前一个环节的技术进行了创新，往往要求后续环节做出相应的调整，以协调统一。但是由于参与建筑活动各环节的企业之间的联系很不稳定，信息交流不通畅，引进一种创新可能会引起混乱，因为在贯穿其他系统时可能很难明确追踪情况的发展和变化，这导致建筑技术创新难以像其他工业活动一样开展。另外，建筑工程所处的环境是不断变化的，往往难以控制。新的建筑技术要求能够适应相应的环境。环境的复杂性要求新建筑技术有很强的适应能力，这也限制了建筑技术的创新。

（4）缺乏必要的支撑条件

进行技术创新需要有相应的支撑条件，最主要的是资金、人才、信息和相应的制度。建筑物往往形体庞大，在一定程度上影响技术创新的开发和使用。

　　企业领导对技术创新的影响很大，官员企业家的技术创新意识不强。现在我国建筑业从业人员有 3400 多万，但高素质人才非常缺乏。根据 2000 年人口普查资料数据计算的表明，我国建筑业从业人员中，受过专科及以上教育的人员仅占全行业就业人员的 4.63%，而研究生仅占 0.03%，本科占 1.17%，专科占 3.44%。而全国总人口中，研究生比例为 0.6%，本科为 1.4%，专科为 4.1%，均高于建筑业的相应指标（图 2-1）。缺乏高素质人才直接限制了建筑技术创新活动的开展。

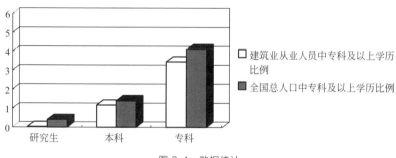

图 2-1　数据统计

　　（5）建筑产品的寿命

　　建筑产品的寿命可能会影响技术创新的开发和实施。建筑产品与制造产品的寿命不同，大多数建筑有相当长的设计生命，某些至关重要的基础设施系统如导水管，有上百年的寿命。因此，建筑业技术创新不仅要顾及最初的建造背景，还必须考虑到未来很长一段时间的情况。

　　（6）社会和政治背景

　　建筑活动的社会和政治背景对建筑技术创新也产生很大的影响。因为建筑设施直接影响人类的安全和健康，建筑业有详细的技术规范和严格的行业管制，建筑物生命周期的各个环节（如设计、建造、运营和报废）都受到法律法规的约束。不仅如此，建筑活动还在生产和使用过程中通过社会监督，通过强有力的罚款和处罚强制执行，并形成考核文件。这些强约束直接束缚了建筑技术的创新。这和一般工业产品生产有明显的不同。另外，我国目前的招标竞价制度忽视了作为创新主体的总承包商的权益，从而导致在技术创新过程中，总承包商不得不大部分承担项目创新的责任和风险，这极大地限制了总承包商的创新热情。

2.2.2 "蛙跳"模式构想

根据技术创新学理论得知，产业技术的发展是一个不断拓展技术功能、提高技术效率的过程。通常，产业技术递进多是沿着技术效率由低到高的逻辑顺序依次推进的。但是在某些特殊情况下，产业技术的发展也可以越过一个或几个技术发展阶段，由低效率技术形态直接进入高效率技术形态，这就是产业技术跨越。

产业技术跨越的思想为中国建筑业的技术创新提供了理论依据。许多研究技术创新理论的学者都认为，中国建筑技术的发展道路完全可以采用技术发展的"蛙跳"（leap-frogging）模型，走跨越式发展的道路，即通过技术创新的方式提高我国的建筑技术水平，可以采用以下"监测—引进—消化吸收—创新—扩散"模式。该模式能在最短的时间里提升中国建筑业的技术水平。笔者认同这一观点，中国建筑业在循序渐进的同时，也需要拓展思路，努力实现自主创新，现结合个人理解，将该理论模式总结如表 2-1 所示。

表 2-1　理论模式

步骤	步骤要点
监测	① 国家出台相应的政策,鼓励技术和资金实力雄厚的建筑企业对国外先进的建筑技术进行持续的监测 ② 先进技术既包括在世界范围内绝对先进的技术,也包括在发达国家早已成熟、但在我国尚未有、却具有良好商业前景的中间技术
引进	① 经论证,对具有良好的经济效益,并且国内先进的建筑企业有能力接受的技术,就应该及时引进 ② 注意避免重复引进 ③ 国家对引进的技术予以备案,并对引进同种技术的企业数量进行相应的限制,以免引起行业内的恶性竞争,造成浪费
消化吸收	① 企业要加大投入,对引进的技术进行消化吸收,并使之与企业原有的技术相结合 ② 目的是掌握"输入—? —输出"过程背后的原理,利于在此基础上进行创新
创新	① 在消化吸收的基础上,形成自主创新的能力 ② 倡导合作创新,以利于集中不同学科、不同领域、不同部门的专家,也可以是跨地区、跨国界的合作
扩散	国家出台相应政策来推广这些技术,使之社会化、普遍化,使之由企业技术跃升为产业技术

（1）监测

对国外先进的建筑技术进行监测是技术引进的前提条件。

国家应该出台相应的政策，鼓励技术和资金实力雄厚的建筑企业对国外先进的建筑技术进行持续的监测。建筑企业要具有技术监测能力，必须具备以下条件：一是具有对国家技术基础设施和科技环境的分析能力；二是有一定宽度和专业化程度的信息收集和处理队伍；三是要有一支较强的技术工程化队伍。这些条件往往只有技术和资金雄厚的建筑企业才具备；因此，通常情况下只有他们才能监测国外的先进技术。应当注意的是，这里的先进技术是相对而言的，不一定是在世界范围内绝对先进的技术。因为对中国的建筑业而言，有些技术在发达国家建筑业早已成熟，或者已经属于中间技术，但在我国尚未出现但却具有良好的商业前景，这样的技术同样属于被监测的范围。

（2）引进

如果被监测的技术有良好的经济效益，并且国内先进的建筑企业有能力接受，那么应该及时地引进，以免错过发展的机会。这里应该注意避免重复引进。在我国技术引进的历史中，曾经重复引进过很多相同的技术，造成了大量的资源浪费。国家应该对引进的技术予以备案，并对引进同种技术的企业数量进行相应地限制，以免引起行业内的恶性竞争，造成浪费。

（3）消化吸收

先进的建筑技术往往具有比较复杂的原理，而这些原理正是"输入—？—输出"过程的黑箱。对于引进的技术，如果无法掌握其原理，只知其然不知其所以然，结果就是无法掌握该技术的核心内容。因此，引进了合适的技术之后，技术引进企业要加大投入，对引进的技术进行消化吸收，并使之与企业原有的技术相结合。很长时间以来，我国注重技术引进而忽视技术吸收，许多技术的引进陷入了"落后—引进—再落后"的恶性循环。对于中国来说，对引进的技术应该集中有限的人力物力进行消化吸收，然后在此基础上进行创新。

（4）创新

对引进的技术进行消化吸收后进一步创新是技术引进工作本身的需要。只有把新技术消化吸收并在此基础上进行创新，才能最终形成自主创新的能力。大量事实表明，如果引进技术之后不进行创新，那么在与技术输出方的市场竞争中必然要处于劣势。一方面是因为技术的老化及率先者的不断创新，与率先者之间再次形成差距，后发者迟早要陷入技术引进的恶性循环。在引进技术基础上的创新就是模仿创新，我们应该将大部分的研发投资投在此环节上，这也正是模仿创新与率先创新的差别之一，也是其能够利用有限资源发挥后优势所在。模仿创新是任何一个后发国家都不可跨越的阶段，我国经济发展也正当其中，我国建筑业当然也必须走这条路。

建筑技术处于整体技术体系结构的顶端，建筑技术创新往往需要多领域的合作，尤其是重大建筑技术的创新。由于我国建筑科研机构的研究实力还比较薄弱，因此在技术创新的过程中可以采取多种创新模式，合作创新是其中比较理想的一种。不同学科、不同领域、不同部门的专家，应该由国内外的研究人员、企业家、政府官员甚至是各类用户组成，也可以是跨地区、跨国界的国际组织。这种人员结构、模型、范围和领域的可调整性，由于现代通信技术的发展已经可以实现。

(5) 扩散

技术创新扩散过程是一个非常重要的完整而独立的技术与经济相结合的过程。仅仅完成狭义的技术创新不会对社会经济发展产生影响。技术创新对于社会经济的变化仅仅起一个"引擎"作用，社会经济变化的实现是由技术创新扩散来完成的。如果没有扩散，技术创新对于社会、经济等的影响永远只是潜在的。

Rogers（1983）认为，技术创新扩散是一种技术创新"通过特定的渠道在一个社会系统的成员中随着时间而传播的过程，它是一种特殊的传播过程，它传播的信息中包括新的思想"。技术创新扩散过程必须有创新采纳决策者的参与，而决策者是处于由很多互相作用的个体所构成的社会系统之中。个体决策者的创新采纳行为会对系统中的其他个体乃至对整个系统产生影响，而系统中的其他个体的行为以及整个系统的行为准则、价值观等也会影响个体决策者的决策行为。因此，作为社会系统成员的政府就会通过各种不同的手段和方法对技术创新扩散进行干预。

实力雄厚的建筑企业引进技术后，如果在使用时能产生比较好的效益，国家应该出台相应的政策来推广这些技术，使之社会化、普遍化，使之由企业技术跃升为产业技术。技术引进存在一个适应环境的问题。有些技术在国外应用得非常好，但是，被引进之后可能出现"市场沉默"的现象。因为技术要得到推广，必须具备相应的外部环境。国家的政策就是要为技术生存创造合适的环境。

通过上述分析，笔者认为：中国建筑业技术进步的历程不能全部按照技术递进的历程发展。沿着技术递进的道路发展，中国建筑技术只能充当发达国家先进建筑技术传递的"雁尾"，永远处于落后的状况。技术引进在短期内可使某些技术得到"脱胎换骨"，但是单纯依靠技术引进来提高技术水平容易陷入"落后—引进—再落后"的恶性循环中。只有拥有强大的技术创新能力，才能使我国建筑业在长期的国际竞争中立于不败之地。因此，在渐进道路的同时，中国建筑业要认识到建筑技术与发达国家存在的差距，并利用后发优势，选择适当的跨越式发展的道路。

目前，我们国家在技术创新及应用方面，已经取得了许多进步。为推进建筑业技术进步，提高行业整体素质，建设部于 1994 年 8 月发出了《关于建筑业 1994、1995 年和"九五"期间推广应用 10 项新技术的通知》（建〔1994〕490 号，以下简称《通知》）[48]，《通知》要求各地区各部门建立新技术应用示范工程，以加大新技术推广力度，充分发挥典型示范作用。在各地申报的基础上，按照工程的技术复杂程度、采用新技术的数量、建设规模等条件，建设部分别于 1995 年和 1996 年择优确定了首批 31 项、第二批 40 项工程列为"全国建筑业新技术应用示范工程"。根据几年来我国建筑施工技术发展的实际情况，建设部于 1998 年 10 月印发了《关于建筑业进一步推广应用 10 项新技术的通知》（建〔1998〕200 号)[49]，使建筑业 10 项新技术包括的先进适用技术项目更多，内容更加丰富。1999 年 10 月以建〔1999〕249 号文公布了第三批 32 项全国示范工程。2002 年 1 月，建设部办公厅于以建办质〔2002〕8 号文公布了第四批 49 项工程为全国建筑业新技术应用示范工程。这样的举措，推进了先进技术的传播和应用。但应该看到，目前能够采纳这些新技术的企业只是部分大中型建筑企业，大多数中小型建筑企业由于各种原因很难对企业技术进行升级改造，这直接影响了我国建筑产业技术的进步。因此，除了强调通过技术创新来提高建筑产业的技术水平外，还应该注意如何使先进技术快速在产业内部扩散。并非所有的建筑企业都有实力进行技术创新，但是那些无能力进行创新的企业同样可以通过学习先进技术来提高技术水平，这有助于提高整个建筑业的技术水平。

2.3
高层建筑与技术创新的关系

进入 21 世纪以后，建筑师开始自觉利用交叉科学观念处理高层建筑上出现的问题，结构形式的跨越式进步、材料设备的变化和更替以及生态、智能技术与建筑功能的有机综合等，都成为建筑师关注的新热点。技术手段的不断创新，也为高层建筑的发展带来了全新的机遇，总体说来，高层建筑与技术创新之间是一种互为依托、互相推动、协同共生的关系。

2.3.1 互为依托

现代技术为高层建筑的发展提供了技术依托，高层建筑也成为技术创新不断得以实现的最佳物质载体和依托。高层建筑与技术创新互为依托，这一点毋庸置疑。近代结构理论的研究和创新，尤其是关于框架结构的理论研究，从理论上和计算方面为高层建筑的发展扫清了障碍。

19世纪初开始出现了采用钢铁材料制作的框架承重体系。1883年在美国芝加哥建造的11层家庭保险公司大楼，采用了由生铁柱和熟铁梁所构成的框架，来承担全部荷载，外围墙仅是自承重墙。就结构而论，这是第一次按框架结构进行设计和计算且第一次采用钢梁的高楼，被后世认为是近代高层建筑的始祖。

20世纪初，随着钢结构设计技术的进步以及电梯的发明，高楼的建设得到迅速发展，而且层数逐渐增多。楼房高度增加以后，风荷载成为结构设计的一个重要因素。由于在结构理论方面突破了纯框架抗侧力体系，提出在框架中间设置竖向支撑和剪力墙，来增强结构的抗推刚度和强度，使楼房进一步向更多的层数发展。在美国纽约，1905年建造了50层的大楼，到1931年，就建造了著名的高达381m的帝国大厦。这一时期的高楼，由于结构设计仍未摆脱平面结构理论，而且建筑材料的强度低、质量大，以至整个大楼的材料用量较多，结构自重较大。

第二次世界大战以后，建筑结构力学由一维的平面结构理论发展为二维或三维的立体结构理论和空间理论，为新的高效抗侧力体系的出现创造了条件。电子计算机的运用，提高了结构分析的速度和精度，为高楼在设计过程中进行多方案比较和优选提供了方便。另一方面，轻质隔墙和轻质维护墙的应用，减轻了建筑自重，加上新型饰面材料的应用，使高层建筑焕发出前所未有的生命力。

高层建筑在建筑结构类型方面从早期的以钢、铁结构为主的单一框架类型发展到后来的分别适应不同层数和高度要求的以钢结构、钢筋混凝土结构等结构体系而形成的框架、框架-剪力墙及筒体等多种类型。框筒、筒中筒、束筒等形式成为适用于高层和超高层结构的最有效的结构类型，在高层和超高层建筑的发展中起到了重要的结构创新作用。

此外，还根据特殊要求出现了悬挂结构、巨型结构等新的结构形式，这不仅使高层建筑造得既高又经济、拥有更多的使用面积和更灵活的建筑空间，而且为丰富高层建筑的造型创造了可能。正是因为有了结构技术的不断创新，才使得高层建筑向更高发展成为可能，也正是因为高层建筑发展过程中需要更多的使用面积和更灵活的建筑空间，才使得建筑师和结构工程师们不断尝试技术创新，创造出更加优越的结构形式。

2.3.2 互相推动

在高层建筑的发展历程中，材料技术的不断成熟和创新极大地推动了高层建筑的飞速发展。随着高层建筑高度的不断增加，结构面积占用建筑使用面积的比例越来越大；建筑的自重也随之增大，引起的水平地震力作用也大大增加，对竖向构件和地基造成的压力也越大，从而带来一连串不利影响。因此为了解决这两个主要矛盾，材料向高强化和轻量化发展成为高层建筑不断向更高发展的又一个强有力的技术支持。在不断地探索和尝试中，材料技术不断发展成熟，材料的选用也由砖石发展到现代的钢筋混凝土、钢材以及许多轻质高强材料。

（1）砖石技术

砖石是传统的建筑材料，用砖石承重墙结构可以建造十多层的楼房。蒙纳德诺克大楼（Monadnock Building）高 16 层，按照当时通行的做法，单砖外墙厚度为 30.5cm，上面每增加一层，底层墙厚要增加 10.2cm，墙厚与层数挂钩，使得底层外墙厚达 1.83m，由于自重过大，土质不良，到 1940 年，大楼下沉了 50cm。由此可以看出，采用砖石做法不仅影响了使用功能，也大大限制了楼房的高度。

（2）铁、钢技术

19 世纪后期，钢铁柱子和梁形成的框架结构取代了厚重的内墙，楼房外围可以开大窗子，其宽度充满整个跨度，且高度可以从地面直达天花板。整个建筑重量由框架承担，与只起单纯的维护作用的墙无直接关系，于是建筑容易向上发展。随着对材料性质的认识，钢材以其强度高、自重轻、延性好，逐步成为高层建筑的主要材料，钢材还以其工期短、可预制安装、施工精度高、抗震性能好等特点，成为超高层建筑的首选。近年来，随着对钢材高强化的研制，高强低合金钢、热处理合金钢及高强预应力钢广泛应用于建筑工程中，使建筑高度不断攀升。

（3）钢筋混凝土技术

18世纪末，法国、德国、英国纷纷开始研制水泥，英国人亚普斯丁把石灰石和黏土碎末合烧，生产出硬化后颜色与强度与波特兰地方出产的石料很相似的产品，取名"波特兰水泥"，并于1824年取得专利权。波特兰水泥出现后，用它与砂子、碎石制成混凝土便在工程中广泛使用起来。混凝土可以浇筑成各种需要的形状，当其硬化后，有很高的抗压强度，而且能够耐火，但是在拉力作用下却容易破裂。与它相反，钢铁具有很高的抗拉强度，但在高温下容易丧失其强度。在混凝土和钢筋这两种材料已同时存在的情况下，人们很自然地会想到把这两种材料结合起来，做成既能抗压又能抗拉的结构材料。19世纪后期，钢筋混凝土开始用于房屋结构。但在高层建筑中，钢筋混凝土的主要作用是做基础防火楼板。直到第二次世界大战结束前后，由于超静定结构理论的研究解决了钢筋混凝土结构体系的计算问题，加上当时钢材紧缺，在战后大规模的重建中，钢筋混凝土结构逐步显示了它的巨大威力，并且在高层建筑领域内，形成了适合钢筋混凝土特点的完整的结构体系。

从20世纪60年代开始，钢在高层建筑中的统治地位受到了钢筋混凝土的挑战，而且达到势均力敌的地步。其后，人们为了克服钢筋混凝土固有的自重大、施工受气候影响、施工环境环节多、工期长、人工费和模板费高等固有的弱点，对其进行了许多研究和改革，研制了许多适合高层建筑发展的高强、轻质、适合工业化生产的新型混凝土材料。如高强混凝土标号由我国现在普遍使用的C20～C45，提升至C50～C100甚至C140，从而降低结构自重，节约钢材和水泥，使钢筋混凝土结构高层建筑突破了50年代以前的20层大关并不断上升。另外轻骨料混凝土、加气混凝土的使用都在降低建筑物结构自重、降低造价方面取得了重要的成果。如美国休斯敦市的贝克广场大厦，地面以上52层，高218m，整个大楼采用容重为18kN/m³的高强轻质混凝土，使52层大楼的单价与原计划中用普通混凝土建造的35层大楼相差无几。

（4）新型建筑材料技术

随着建筑材料技术的发展，越来越多的新型建筑材料已经投放到市场中。例如具有良好防火、隔音、耐撞击性能的轻质隔墙——化学石膏板、增强塑料等；不仅光亮、美观，还能使建筑自重减小并且便于工业化施工的轻型维护墙——金属材料、大块反射玻璃制成的玻璃幕墙，自重很轻的增强塑料维护墙等。SOM 的著名建筑师 G·邦沙夫特设计，1952 年建的纽约利华公司办公大厦，是世界上第一座玻璃幕墙高层建筑，当时是新型办公楼的代表。这些材料在满足结构性能的同时，其内部空间更开敞灵活，也使高层建筑的立面造型特征由过去的厚重典雅发展到现在的轻盈、空透，尤其是反射玻璃的运用，使建筑立面更加赋予光影变化，同时增强了建筑的夜景效果。

材料技术的发展减少了高层建筑在设计和建造过程中的制约因素，极大地推动了高层建筑的发展，使建筑师在设计中有了更多的发挥想象力的余地，进而创造出更加丰富多彩的建筑造型风格。反之，高层建筑的飞速发展，客观上也成为材料技术不断创新的推动力。

建筑设备、设施方面的创新也极为明显，早期高层建筑设备只有改善建筑的内部使用标准的能力；而在此后的发展过程中，建筑设备却具有创造适合不同要求的室内环境的能力，如全空调机分区域自动调节设备、发光天棚与各种人工照明设备。但是高层建筑的设备标准普遍存在偏高的倾向，造成了建筑耗能的增加和浪费。自 20 世纪 70 年代资本主义世界出现了能源危机以后，建筑设备已经在提高使用效率、减少能源消耗等方向有了极大改善，高层建筑设备也朝着小型化、智能化、环保化、节能化方向发展。如空调温湿度控制智能化，可以随住客的需要提供森林、草原、海洋等气候感觉；制冷效率提高、体积减小，制冷剂也不会污染环境、破坏臭氧层。水的循环使用、冷热源的储备、太阳能利用等将成为 21 世纪高层建筑设计常识。

2.3.3　协同共生

高层建筑发展至今，技术创新水平较之以往有了质的飞跃。展望高层建筑未来的发展趋势，技术创新与高层建筑发展之间必将呈现出多层次、多系统的协同共生。以高新技术、生态技术、信息技术为例，高新技术的不断创新为结构形式的跨越式进步、材料特性的革命式变革、设备设施的时尚式更替提供了强有力的支撑；生态技术的不断创新使得节能环保成为高层建筑发展的必然需求、循环再生成为高层建筑的客观需求、绿色生态成为高层建筑的人性需求；信息技术的不断创新使之成为高层建筑的神经网络支撑、功能拓展先锋和质量体系中坚。

现今，随着高层建筑技术的不断创新和日趋完善，建造更高的摩天大楼已不再是一种奢望，而转化为实实在在的现实。技术创新、经济增长，加上创造一种标志性的建筑物、提高城市知名度的愿望，正在促使许多超级摩天大楼应运而生，而且在这个过程中提升了世界范围内技术创新的水平。

在韩国的港口城市釜山，建设了一幢名叫"千年塔世界商业中心"摩天楼（图 2-2），其高度为 560m（1837ft）。这幢摩天楼由纽约的"渐近线建筑事务所"（Asymptote Architecture）设计。它的特点是三座锥形塔从一个坚固的基础层升起，从建筑物上不同的角度都能看到美丽的山海景色。基座在入口层作了巧妙的布局，三座尖塔在中部交汇的地方高于空中大堂的位置，并逐渐向上形成一个中央的空洞层。这座独特的雕塑般的楼体，象征着 21 世纪的釜山走向未来和世界舞台的决心。"渐近线建筑事务所"的负责人汉尼·拉希德说，他们对这幢建筑物的设计作了大胆的探索。那么，目前的新一代摩天楼建筑热浪是否已达到现代建筑工程技术和材料的极限？"渐近线建筑事务所"的负责人汉尼·拉希德不这样认为。他说，"随着新的建筑材料的出现，采用计算机进行设计，以及在建筑上采用机器人技术，建筑物的高度将继续发展。"

图 2-2　千年塔世界商业中心

在中东的一些国家和城市，例如科威特、沙特阿拉伯、迪拜、阿布扎比，也出现了一股建设超高层建筑物的热潮。"哈利法塔（原名迪拜塔）"由美国的 SOM 建筑事务所设计，其高度为 824m，该摩天大楼的兴建，凝结了全人类技术创新的最新成果（图 2-3）。表 2-2 就详细列举了该楼在设计建造过程中所运用的最新技术。

图 2-3 哈利法塔效果图

表 2-2 哈利法塔技术创新应用情况

项目	内容	技术创新应用情况
设计	基础设计	建造在一个 3.7m 厚的三角形结构的基座上，这个三角形基座由 192 根直径为 1.5m 的钢管桩或支柱缸体支持。这些钢管桩或支柱缸体深入地下 50m（164 英尺）[图 2-4(a)]
	抗震设计	为保持稳定性，采用了高强度的混凝土。设计标准是能够经受里氏 6 级地震（当地属于地球上少地震的地区）。它还能在每秒 55m 的大风中保持稳定（在高楼中办公的人完全感觉不到大风的影响）
	螺旋管钢结构体设计	从 700m 的高度开始，设计了一种螺旋管钢结构体，从建筑物内部一直延伸到顶端，这个螺旋管可以用液压千斤顶提升，作为增加建筑物高度的支柱[图 2-4(b)]
	安全设施	4 个隐蔽所，每 30 层 1 个，用于对付火灾和恐怖袭击等紧急情况。除 54 部高速电梯，还安装有专门的应急电梯[图 2-4(c)]

续表

项目	内容	技术创新应用情况
施工	建筑过程监测	垂直方向和水平方向的动态,由一个全球卫星定位系统进行跟踪。在建设期间,建筑物的重力变化情况,由设置在建筑物中的700多个传感器进行实时监测[图2-4(d)]
	工程进度	47个月的建设时间表,以3天为一个生产周期,包括安装钢结构件,浇灌混凝土等工作[图2-4(e)]
	混凝土浇灌	在三天建设周期的第2天,把一个特定楼面的内部结构外壳安装到位,同时通道打开,并安装钢支持梁。下一天,混凝土灌入外壳
	预防下沉	建成之后的重量达到500000t,会出现下沉的趋势。所以在建设过程中,每一层的实际高度比设计高度高出4mm[图2-4(f)]
设备	超级起重机	3台巨大的塔式起重机来起吊大量的建筑材料[图2-4(g)]
	混凝土搅拌机	4台巨大的混凝土搅拌机,能够快速地制作混凝土[图2-4(h)]
	混凝土高压泵	3台高压泵,将混凝土输送到工人操作的高处。一个挑战是,将高强度的混凝土输到570m以上的高度,并且不影响混凝土的基本性能
	附着式升降机	"哈利法塔"工地的另一种起重设备是附着式升降机,用来运送建筑材料和工人。这个工地有14台附着式升降机在运行

(a) 庞大的基础   (b) 螺旋管钢结构体图   (c) 完备的安全设施

(d) 建筑过程的监测   (e) 工程进度   (f) 预防建筑物下沉

(g) 超级起重机   (h) 混凝土制作设备

图2-4　哈利法塔技术创新应用

"哈利法塔"建设的每一步，都凝聚了全人类技术创新的成果，可以预见，在不久的将来，人类会实现更宏大的目标，而且技术创新之路永无止境。

2.4
当代高层建筑的技术创新理念

2.4.1　坚持高新技术的科学创新

当今世界正在经历着一场以高新技术为核心的新技术革命，这场新技术革命不仅涉及科学技术本身，而且对传统产业的生产方式和人类的生活方式产生了空前的影响。世界上一些经济发达的国家，都纷纷实施战略转移，调整发展模式，力图通过发展高新技术及其产业来增强综合国力，夺取在未来世界格局中的有力战略地位。邓小平同志在 20 世纪时曾经提出：下一个世纪是高科技的世纪。任何时候，中国都必须发展自己的高科技，在世界高科技领域中占有一席之地。

高层建筑作为一种特殊的建筑类型，一直以来就是高新技术的最佳"代言人"之一，早期表现高新技术的高层建筑主张用最新的材料，如高强钢、硬铝、塑料和各种化学制品来制造体量轻、用料少，能够快速与灵活地装配、拆卸和改建的结构与房屋。在设计上则强调系统设计（systematic planning）和参数设计（parametric planning），不仅在建筑中坚持采用高新技术，同时也在美学上极力鼓吹表现新技术，将高科技的结构、材料、设备转化为表现其自身的手段。这在表现了技术特有的美感的同时，也难免给人以冰冷机械之感。因此，近年来，表现高新技术的高层建筑也开始在此基础之上进行蜕变。

这种蜕变主要表现在设计理念上，20 世纪八九十年代，一方面受后现代建筑的影响，历史和文脉受到空前的重视；另一方面，面对日新月异的科学技术，建筑要求有新的形式，高技派建筑师明显开始重视与环境的结合，重视文脉，从热衷于表现高技术建筑形式转而更注重建筑本身的技术含量，希望把新技术应用到高层建筑当中，使其功能更完善，从文化角度看，主要表现在其高情感化的倾向。

第一，从工业技术向信息技术转化。信息社会里的高新技术正渐渐向"不可视化"演变，它对建筑的直接影响，已不再是空间造型和功能组织关系，而是改变了建筑的内在中枢。然而，伴随着科学技术进步，以及计算机技术在建筑领域的普及，人们的建筑观念也发生了变化。尽管高新技术对建筑造型的直接作用有限，但是潜在的影响却不容忽视。在建筑创作中，人们正有意识地将技术作为一种建筑表现手段，与早期通体遍布铆钉、充满钢铁力量感的机械风格不同，在继承了对金属材料、结构和构造做法忠实表现的观念外，更加强调发挥材料性能、结构和构造技术的特质，暴露机电设备，强调技术对激发设计构思的重要作用，将技术升华为艺术，并使之成为一种富于时代感的造型表现手段。

第二，强调场所性的塑造。高新技术建筑自从出现以来便以其强烈的自我表现力在城市中创造了一种独特的新景观，而探索它与环境的整体性、机能性，创造一种有活力的场所，则是当代高新技术建筑寻求其情感表现的一个重要方面。追求建筑的场所性表现可以理解为处理好建筑与环境的整体关系，建筑存在的目的就是要使"场址"成为"场所"，从"城市中的表演"转变为"为城市而存在"。早期理查德·罗杰斯和伦佐·皮阿诺设计的蓬皮社中心占据了巴黎市中心一个巨大的街区的一半，前面突出一个广场。这种纯几何构图的布置方式与周围的古老建筑街区大相径庭。而后期高新技术建筑开始关注城市问题，一是城市中新旧建筑之间的关系；二是城市中心的重建和复兴。

第三，强调地域性的创造。如果说"场所性"表现出一种对城市环境和人们生活及心理的关注，那么"地域性"则表现出对当地历史文化和地域文脉的尊重。正如情感可以通过各式各样的语言来表达，高新技术建筑也可以通过高新技术语义的表达来体现其对历史文脉的尊重，而挖掘地域技术以创造新的建筑形式也就成为高新技术建筑新的形式来源。

第四，高新技术的隐喻主义与象征主义。建筑环境的本质之一是创造信息和形象，形形色色的含义都蕴藏在这种含义和形象之中，而在对这些含义的理解过程中则形成了建筑的情感。当人们遇到或看到一些自己熟悉的食物，总是用一些自己比较熟悉的客体来衡量或代替，这就是隐喻形成情感的含义。高新技术建筑的"隐喻主义"和"象征主义"追求一种对建筑的"言外之意"的表述，而非简单地追求高新技术表现主义激进的外观形式，注重与人的思想精神的交流来弱化对高新技术手法的排斥性，使人们在联想的过程中形成对高新技术建筑情感化的塑造。

总之，无论社会怎样发展，技术如何创新，有一点始终不变的就是：高层建筑终将一如既往地成为最新、最先进技术的"代言人"，为我们展现建筑界科技的最新技术成就。毫无疑问，在高层建筑的设计中，建筑师也将会一如既往地坚持高新技术的科学创新。

2.4.2 倡导生态技术的优化创新

21世纪既是信息化的时代，又是生态文明的时代，人类正面临着一个全球生存环境恶化的事实。从解决生存环境需要、节约土地资源、提高建筑空间效能出发，人类在高层建筑的发展中积累了许多宝贵的经验。但高层建筑是一种过于人工化的"冷漠"空间环境，容易造成"人本位和物本位"的倒置，就在人们为不断征服一个又一个建筑高度而兴奋时，人类也逐渐意识到生存环境质量恶化、生态环境危机和能源危机等问题。为此，未来的高层建筑设计应尽最大可能采用符合生态原则的设计方法，把建筑对环境的负面影响减少至最低程度，并为人们创造健康舒适的居所。其主要设计观念在于：

第一，运用生态学的原理、概念和设计方法解决高层建筑面临的环境问题。

第二，将高层建筑根植于自然生态环境中，采取积极的技术措施有效利用环境、保护环境和修正环境。

第三，融高层建筑优质、健康环境的精华，更新环境空间的美学，创造摩天楼艺术形式、有风格的环境状态新构架。

马来西亚建筑师杨经文长期致力于高层建筑生物气候学的研究与实践，并把对生态环境的关注与高层建筑的特点有机结合起来，通过在高层建筑中设置空中绿园、凹入过渡空间、屋顶遮阳隔片等方法，创造了新的艺术形象。

而英国建筑师诺曼·福斯特设计的法兰克福商业银行，借助中庭的风扇使空气自然上浮，形成自然通风。这幢建筑在一定程度上是高层办公楼节能技术中最具创造性的，并且探索了高层建筑内部丰富的空间秩序和宜人的环境，显示出高层建筑设计概念的新方向。

生态型的高层建筑应当使室内与外界环境建立敏感的关联性。根据室外温度、湿度、风速、日照、空气质量等因素的变化与室内的人员流动与负荷波动，建立及时的反馈机制，使得室内的各项物理指标始终处于目标值，并且将能源消耗降到最低。这实际上是种自动控制方法。

高层建筑的运行越来越依赖电子系统的帮助。目前该类建筑基本都采用了不同程度的智能化管理模式，它是采用计算机技术对建筑物内部设备进行自动控制、对信息资源进行管理和对用户提供信息服务的一种新型建筑。它的基本功能有：对环境和使用功能变化的感知能力；将信号传递到控制设备的能力；综合分析数据的能力；做出判断和响应的能力。其目的就是达到高效、舒适、安全、方便的要求。

德国建筑工业养老基金会办公楼（SOKA-BAU，Thomas Herzog）的遮阳构件，经过精密计算，通过电控马达驱动连杆，既起到阻挡阳光直射的作用，又可以将阳光反射到建筑深处（图 2-5、图 2-6）。

图 2-5　德国 SOKA-BAU 楼

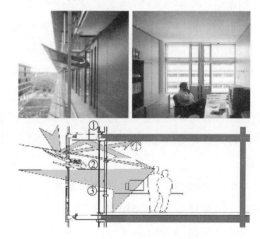

图 2-6　SOKA-BAU 的立面细部

1996 年德国埃森 RWAG 大厦采用由计算机控制的运营管理系统，该系统根据外界气候变化控制百叶角度和通风机械、空调系统的动作。计算机能够感知外界风速与外窗的开启，适时调节空调运转并发出警报。每个房间的电控板可操纵遮阳板角度并调节灯光。通过这些智能管理以及相关的节能措施，RWE 大厦总的能耗不到同等规模建筑的 1/2。

被誉为"21 世纪最有效空调技术"的地源热泵系统，可以与高层建筑进行有效结合，以节省能源。该系统通过将地层的热能提取出来，或者反之将建筑物中的热量释放到环境中去，而实现对建筑内部的制冷与取暖。实际上系统是通过空调冷凝器或蒸发器延伸至地下，使其与浅层岩土或地下水进行热交换，或是通过介质作为热载体，利用低温位浅层地能对建筑物供暖与制冷（图 2-7）。该系统的设备都集中在地下室。循环管路需要与深层建筑的地下空间与基础部分进行有效结合，具有很好的利用价值。根据美国环保署（EPA）

估计，地源热泵系统可以节约 $30\%\sim40\%$ 的空调运行费用，同时它也是非常环保的可再生资源，与空气源热泵相比，减少污染物排放 40%，与电暖相比，减少 70% 以上。同时它具有运行稳定、没有噪声、适用广泛等优点。

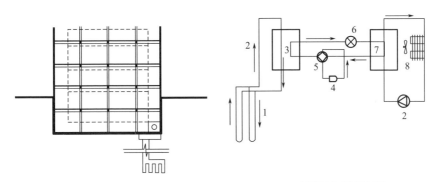

(a) 高层运用地源热泵系统示意图　　　　　(b) 地源热泵系统原理图

1—室外地下换热器；2—循环水泵；3—冷凝器；4—压缩机；
5—换向阀；6—节流阀；7—蒸发器；8—室内风机盘管系统

图 2-7　地源热泵系统图

设备设计与能源利用有着直接关系。水循环系统、制冷与制热系统、太阳能转化系统对于节能高层建筑是必不可少的。2000 年世博会高达 40m 的荷兰馆，在内容、结构、设备和能源利用方面与自然紧密结合，具有完全自给自足的能源和水循环系统，形成了与传统建筑完全不同的"新自然空间"（图 2-8）。顶层的风车产生电力提供照明，生成六层的空气穹隆和四层的气帘；五层的辐射热贮存在六层水池中，蒸发作用可以作为冷却源；观众厅的热废气可以加热四层楼板；二层生物聚落中的植物与沼泽产生热能。该项目的设计者 MVRDV 来自荷兰，出于当地人多地少的情况，提出改变"填海造地运动"，转而向高空争取空间。这个项目的实施，证明了高层建筑中能源综合利用的可能性。

2.4.3　提高信息技术的综合创新

与材料、结构等技术相比较，信息社会里的高技术正渐渐向不可视化深入，它对建筑的直接影响，已不再是空间造型和功能组织的关系，而是改变了建筑的内在中枢。因为信息媒体技术以数码为其本质特征，其传递的是非物质性信息波，具有跳跃性和超越时空性，而网络技术则具有无限蔓延和虚拟的特

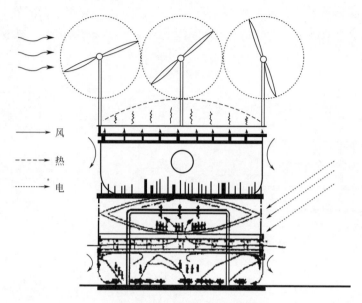

图 2-8　能源利用系统示意图

征，这将成为未来空间形态的主导力量。

高层建筑是建筑技术的综合集成，智能化、信息化在高层建筑的设计与运营中得到充分体现，是信息技术与建筑技术的系统集成统一。精密的计算对于高层建筑与环境的适应有着重要作用。基地的位置、建筑朝向、平面布局的确定依赖于对周边条件的分析。

福斯特在伦敦设计的 Great London Authority 采用了独特的造型。它是个 50m 高的倾斜椭圆体。这种造型是通过计算和验证来尽量减少夏季阳光的直射以及冬季室内的热损失。设计中采用了实验模型，通过对全年的阳光照射规律进行分析，得到表面热量分布图。经过计算得到的椭圆外形，比同体积的长方体表面减少了 25％（图 2-9）。

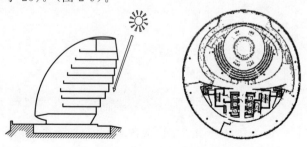

图 2-9　Great London Authority 剖面与平面

风环境对高层建筑的影响是非常显著的。运用空气动力学设计可以大大减少建筑所受到的风压，使得结构材料更加经济，同时能够有效改善周围环境的气流状况。目前通过计算机模拟技术建立数学模型，可以预测和评估建筑的空气动力学性能，即 CFD 计算流体力学。

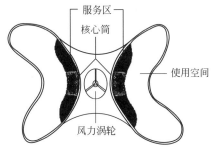

图 2-10　ZED 办公楼平面示意

位于伦敦的 ZED 工程办公楼也采用计算机模拟技术，进行气流和阴影效果分析。最后确定双肾状的平面和椭圆形的外观，立面中间开一道风口，并安装两部垂直的风力涡轮机。这样可以保证它能最大限度地利用主导风向，使办公室能够得到良好的自然通风（图 2-10）。

伦敦瑞士再保险公司总部大楼（瑞士再保险塔）（Swiss Re Headquarters）（图 2-11）项目中应用 CFD 技术，进行室内外空气流场的模拟。该建筑外观呈纺锤形，平面为圆形。每层有 6 个对称的三角形采光井，每两层采光井之间偏转 5°，形成螺旋状外形。气流在建筑表面不同部位形成压力差来促进室内通风（见表 2-3）。CFD 技术帮助设计师确定每层采光井周边的通风口位置，以获得最佳的自然通风效果[50]。

图 2-11　瑞士再保险公司总部大楼

表 2-3　伦敦瑞士再保险公司总部大楼形体分析

项目	施工过程中，在自重作用下结构会变得"短粗"，为弥补这部分变形，构件尺寸已预先调整过	空气流流经过高耸物体时，会产生涡流和回流，因此高大的矩形建筑可以引起路面的狂风	流线型建筑可减少风压，因而能减轻结构自重，低处的风速不会加大，建筑的热损失也会降低
示意简图			

049

由于高科技的发展，人们对环境优化条件的要求越来越高，希望环境能随着需要自动加以调节、管理与控制。为适应这种发展需要而兴起的智能建筑（intelligent buildings）是信息技术与建筑技术相结合的系统化集成整体，是知识生产力的高效场所，是一种新型建筑体系，其复杂的功能可简化成如下几个方面：第一，情报通信方面——办公自动化、通信自动化；第二，自动化管理方面——大楼管理自动化；第三，建筑环境系统——空间计划的舒适性；第四，办公服务系统——办公业务代理服务。

智能高层建筑设计还应着重考虑的几个问题：

① 智能建筑空间应具有很强的适应性和灵活性，充分满足以人为中心的智能化行为活动、设备、人机接口、网络系统、通信和信息处理的需要。

② 创造良好的物质环境和舒适、愉悦的高情感人性化空间环境，以适应高节奏、高效率的工作需要。

③ 空间尺度和空间组合要充分考虑智能化专用房间、各种管线的水平管线通道和竖向管井处理，在柱网选择、层高、进深尺度、人工环境与自然环境结合等方面应符合智能化系统功能要求。

④ 加强高技术、智能化建筑的功能，内外空间环境、艺术形式、人的行为活动需求设计概念、方法的研究和探索，在智能建筑系统集成理念的基础上创造新的建筑形式与网络。

信息智能化的高层建筑将成为21世纪建筑设计的主流，它将广泛应用于办公、旅馆、医院、住宅、公寓等建筑类型。

2.4.4　关注仿生技术的探索创新

高层建筑的诞生建立在现代科学技术发展的基础上。结构体系、材料与构造设计支撑着建筑能够向高处延伸，同时也约束着它的发展。常见的建筑体系需要消耗大量的材料，缺少对空气动力学的有效利用，对自然环境产生污染与干扰，人工环境缺乏情感。

自然界是我们最好的老师，人类的困惑往往能从大自然中得到启示。生物体自我完善、高效低耗的组织结构，令任何人工产品都相形见绌。其实生命模式才是真正的"生态"模式。高层建筑的系统、结构、运营都可以模仿生物的行为，因此仿生技术在高层建筑上的应用也被越来越多的设计师所关注。

仿生学（bionics）是模仿生物的科学，即研究生物系统的结构、物质、功能、能量转换、信息控制等特征，并将它们应用于技术系统，以改善现有的技术工程设备，创造新的工艺过程、建筑构型、自动化装置等的科学，包括如下几种。

电子仿生和控制仿生：模仿动物的脑和神经系统、感觉器官、细胞内和细胞间通信、动物间通信。模仿动物体内稳态调控、肢体运动控制等。这一类可归结到智能化控制仿生。

机械仿生：模仿动物的走、跑、飞、游等运动，运用机械结构和力学原理，研究生物结构的最佳设计原理，可以形成合理、经济的超高层结构。

化学仿生：模仿光合作用、生物合成、生物发电、生物发光等。能够解决建筑本身的能源利用。

2002 年 9 月号的美国《Business 2.0》杂志预期，"仿生"是未来人类开创更美好新世界的八大科技之一。在建筑领域，已经有多项成果用于实践。目前可以将仿生结构分为 4 类：拱形结构类，典型代表是恐龙；薄壳结构类，典型代表是贝壳、海螺；充气结构类，典型代表是动植物细胞；"螺旋"结构类，典型代表是 DNA 结构等（图 2-12）。

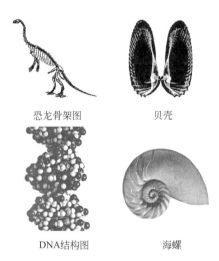

恐龙骨架图　　　　　贝壳

DNA结构图　　　　　海螺

图 2-12　仿生结构原型

现代科技条件下的仿生已不局限于形式上的模仿，而是着重于技术化、生物化。运用基因工程，也许将来建筑会成为高达几百米的植物体。自然界鸟巢、蜂窝的结构，都是运用最少的材料和最简洁的形态提供最大强度的支持与围护。美国结构工程师富勒从中得到启发，设计了装配式球形网架（geodesic dome），并用于加拿大蒙特利尔博览会美国馆。这种结构采用最经济的材料消耗，获得最大的使用空间和高强的结构体系。

"进化式建筑"的倡导者，美国设计师崔悦君的构思更富想象力。位于英国南海岸的"海上城市"建筑与规划方案，将基础和塔楼都设计成符合空气动力学并具结构功能的体系，塔楼被设想为脊柱，上部为肋状壳体，与人体类似，沿着后部脊柱、压力和拉力直接并分散到基础。其外壳是金色的氧化铝，内部支撑结构是防水混凝土。目前，崔悦君博士的作品还停留在构想阶段，但是他的思想对于高层建筑的设计是极有启发的[51]。

新兴的仿生科学研究成果孕育出了仿生大厦，设计师似乎是要寻找有机体生长与巨型摩天大楼之间的相似之处。

目前，越来越多的仿生高层建筑已经不仅仅停留在设计方案与图纸阶段，而是已经成为现实。如坐落在我国武汉光谷未来科技城中一座酷似"马蹄莲"的武汉新能源研究院大楼（图2-13）已经投入使用，其主塔楼造型选用马蹄莲花朵形状，主塔楼高128m，花形朝向太阳，屋顶中心铺设有太阳能光伏发电板，中心花蕊顶部设有竖轴风力发电机，可提供约48万度的年发电量，占该院年用电量343万度的14%，远高于我国绿色建筑评价标准中2%的要求。此外，该楼通过中水回用系统，屋面雨水经管道汇集至储存量为400t的水箱，经净化处理后用于保洁、消防、空调、灌溉等用水，平均每天可节约用水13t，每年可节约用水4800t，节水率38%。该建筑于2014年建成，是国内最大规模的仿生建筑。

图2-13　武汉新能源研究院大楼

2.5
本章小结

纵观高层建筑的百年发展史，期间经历了曲折、波动、折衷与兼容，并经历了多次技术上的飞跃所带来的跨越式进步。可以这样说，高层建筑从最初的产生直至走向成熟，每一次巨大的进步都是以新技术、新材料的突破和创新为前提的，技术创新成为高层建筑发展的原动力。本书扼要地剖析了"技术""建筑技术""技术创新"的内涵所在，并通过对我国建筑业技术创新障碍因素的分析，构建出我国建筑业技术创新理论模式，指出中国建筑业的技术创新必须利用后发优势，走跨越式发展的道路，以尽快提高整个行业的整体技术实力。进入 21 世纪之后，针对高层建筑这一建筑类型，建筑师开始自觉利用交叉科学观念处理高层建筑创作中出现的问题，技术手段不断创新，也为高层建筑发展带来全新的机遇。在这一过程中，技术创新与高层建筑之间展现了一种稳固的互为依托、互相推动和协同共生的密切关联，技术创新成为高层建筑发展道路上的功能拓展先锋。在高速发展中，建筑师始终坚持高新技术的科学创新、生态技术的优化创新、信息技术的综合创新和仿生技术的探索创新，无疑，各学科领域（如生态学、信息学、仿生学等）的积极介入，必将全方位、多层次地促进高层建筑持续快速发展。

03

第 3 章

**高层建筑功能设计
中的技术创新**

建筑的构成问题始终是一个综合性问题。本章以高层建筑功能作为核心话题展开论述，功能是建筑的核心问题，其目标是功能关系的合理性。本书定义的功能关系为：各部分有意味空间的组合关系。

3.1
功能范畴创新目标

回归到最本源的视角来审视现代高层建筑创作，针对功能层面而言，功能关系的合理性是最基本的要求。但是，这还远远不够，笔者认为，在功能合理的基础之上，最大化地满足高效性和平衡性才是高层建筑技术创新追求的目标，高层建筑设计过程中要不断发现和利用新技术手段来实现这样的目标。

笔者认为，高层建筑功能层面的高效性与平衡性内涵如下：

① 高效性不是单一功能系统的完善，而是各个系统之间的合理的协调关系的体现，即如何使各复杂功能系统之间的关系达到最优化。设计中功能组织应高效合理，具有较大的通用性和灵活性；管理运营应智能高效，符合未来发展趋势。

② 平衡性是指高层建筑作为各种技术系统集成，各技术子系统自身整体功效良好，同时达到建筑内部与建筑外部（城市）功能的均衡发展。

本章的具体内容将从上述的两个层面出发，寻求如何利用技术对策实现高层建筑的高效性与平衡性。

3.1.1 功能的高效性

广义的高层建筑功能概念包含着使用要求、精神功能、城市景观、社会、环境、政治、经济等诸多方面。

本书从功能层面研究高层建筑，并不是指这种宽泛广义的功能概念，是以狭义的功能为主线，研究使用要求、建筑空间、交通疏散之间的关联性，并探讨如何通过技术手段来完成。

高层建筑正常使用寿命大于 60 年。在长达半个多世纪的时间里，人们的生活水平和习惯会发生很大变化，对建筑功能必然会有不同的要求。如果一栋建筑的功能仅仅能够满足当前或几年内的要求，若干年后就会变得很不实用，甚至不得不拆除重建，势必造成巨大的浪费。从可持续发展的角度，高层建筑使用功能应该有较大的通用性和灵活性，这样才不会在结构寿命之前就被淘汰。只有提高建筑功能的灵活性与通用性，才能使高层建筑功能越来越趋向于高效。

（1）内部空间的灵活性

如大开间、大柱距建筑，室内布置的灵活性大，适用性强。以上海金茂大厦为例，88层塔楼的下部48层为办公区，分5组设置了26部电梯。办公层的门厅位于地面，可从塔楼的北面和东面直接进入。办公层层高4m，净高2.7m，为无柱空间，使用户有较大的灵活性且效率高。

（2）结构承载的富余量

不同功能要求楼面荷载相差很大，如办公室与书库就相差几倍。以小荷载设计的楼面，如果改变用途就会有很大的困难和危险，也会因此影响其效能的发挥。

（3）设备管线的扩充力

未来建筑的智能化不断提高，建筑设备会更加复杂，当前的设计应该为未来的扩充留有余地。

（4）内部交通的疏导力

指内部垂直运输的效率、外部交通的可达性等，地面广场的集散能力等也会制约建筑使用功能的灵活性。增加建筑功能的灵活性可能会使投资增大，甚至牺牲一些眼前的利益，但从长远角度看还是非常值得的。仍以上海金茂大厦为例，五星级酒店位于塔楼的53～88层。客人抵达地面层的门厅后，登上高速电梯可直达位于54层的空中门厅，在门厅里有总服务台、商务中心、零售店和通往53层健康俱乐部的通道。客人可乘半透明电梯去55层、56层的餐厅和58～85层的客房。85层的专梯可将客人送上86层、87层的餐厅。金茂大厦第88层为观光层，距地面340m，观光者可由专用高速穿梭梯在45s内直达[53]。这样便捷的垂直交通能力，充分显示出大厦功能上的高效性。

由于科学技术的发展，特别是边缘学科和交叉学科带来的巨大力量和变化，信息革命、生产自动化、生物技术、材料革命使世界的面貌日新月异。智能建筑的兴起与发展正是适应社会信息化与经济国际化的需要，在这种情况下，建筑技术的深入与协调就变得更为重要。现代智能化的高层建筑除了需要具有一般常规的建筑功能外，还应具有多元信息的传输、控制、处理与利用等一系列高科技功能，楼内应大量使用计算机、网络通信设备以及其他各种自动化高科技设施，并对供电、配线、空调、照明、防火、楼层负重以及其他建筑环境提出一系列新的要求。正是因为各种新技术的创新成果不断应用于高层建筑设计，才使得现代高层建筑功能得以高效发展。

3.1.2　功能的平衡性

　　高层建筑是大批复杂技术系统的集合，从技术角度来讲建筑也是"机器"，具有高度的复杂性，为了充分发挥效能，在功能层面的基础上必须具有技术层面的高度平衡性与逻辑性。笔者认为，高层建筑功能层面的平衡性，主要体现在以下两个方面：高层建筑自身功效的平衡，高层建筑与城市功能的平衡。

　　（1）高层建筑自身功效的平衡

　　高层建筑应该是内与外、建筑与结构完整的统一体。一个优秀的高层建筑实现的过程，就是一个总体协调优化的过程，其核心就是关注高层建筑自身的内在逻辑性，使其内部各个功能体系有机结合、均衡发展。在社会、经济和技术飞速发展的当代，高层建筑内部功能急剧扩展，几乎涵盖商业、居住、办公、休闲、教育、医疗等大部分建筑类型，高层建筑的象征意义也急剧扩充，不仅要体现场所环境的内涵，更要成为时代精神的象征。高层建筑的内部功能组织、结构构造等系统必须是优化、高效的，具有良好的平衡性，同时尽可能传递城市环境中的更多信息，并与城市功能均衡发展。

　　（2）高层建筑与城市功能的平衡

　　在城市的不断演进和发展过程中，城市功能往往受到内部和外部力量的制约。在以高层建筑进行的城市更新活动中，应充分把握城市总体和区域的功能走向，使高层建筑达到对城市功能的良好配合和改善。

　　首先，高层建筑对城市功能的配合，最直接的就是要反映城市的功能结构特征。具体就是在布局上同城市功能相适应。现代城市特别是大城市，往往是商务、商业、工业、交通、居住等多方面的功能组成。具有不同功能的高层建筑应适应城市多功能的构成。在城市

图 3-1　芝加哥中心区

的中央商务区（CBD），高层建筑多以商务和商业为主，如香港中环、芝加哥中心区（图 3-1），其高层建筑多以办公室商业为目的并集中出现。而在一

些边缘地区如住宅区，高层建筑往往以高层住宅的方式出现。城市结构的差异和各地的规划控制不同使高层建筑呈集中式、分散式和线式等不同的布局方式（图 3-2），并组织以不同类型的高层建筑。这是现代高层建筑建立的城市功能取向。

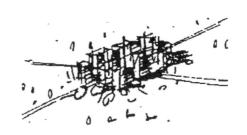

(a) 集中式布局

其次，在城市更新中，高层建筑应是对更新地点功能的改善。城市的发展往往导致建筑的老化和城市功能的衰退，如城市商业衰退、交通拥挤、建筑面积紧缺、灾害以及犯罪率上升而形成的对公共安全的威胁等。更新的意义不仅是将陈旧的建筑改造成高楼大厦，同时也应将道路、绿地、广场、商业、停车场一并考虑，满足有意识和附带性活动，使之成为有机的更新活动。在当年北京王府井百货大楼的改建中，由于商业的日益繁荣，原有的五十年代修建的百货大楼已不能适应商业等各方面的发展需求。商业建筑的模式已从单纯的购物，发展成为集购物、休闲、娱乐为

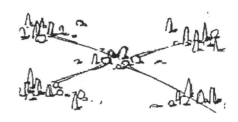

(b) 分散式布局

(c) 线式布局

图 3-2 高层建筑布局方式

一体的综合功能，同时大楼所在区域商业水平的整体发展上也呈现不适应的趋势。百货大楼改建完成后，以其多功能的特点、完善的设施、齐备的环境配置，满足商业区和建筑自身发展的需求，从而达到整体功能水平的提高。

综上所述，高层建筑功能层面上的高度平衡性既依赖于建筑自身各子系统的整合统一，又依赖于建筑对于城市功能的强化与完善。惟其如此，才能使高层建筑在大的社会转型时期，适应新时代的社会变迁与经济发展，并在技术的不断创新中良性发展。

3.2
功能高效性的技术创新对策

从一般意义上讲，建筑在功能层面要体现出潜在的灵活性，以适应建筑潜在的功能变化，同时也反映出建筑的高效性，高层建筑所面临的问题是一致的。建筑功能创意的出发点应是注重动态观念的适应性、灵活性和代谢增容性等。

本书功能高效性的技术创新对策将涵盖以下内容：结构选型的动态适应、布局设置的张弛有序；空间塑造的多样均衡；交通组织的便捷流畅；整体功效的整合提升。

3.2.1 结构选型的动态适应

高层建筑往往以合理的结构形式与合宜的需求安排为追求目标，在高层建筑发展的过程中，结构体系的选择始终是关乎建筑最终成败的最重要因素之一，结构效能自始至终都是建筑师、结构工程师最关注的问题，因为它关乎到高层建筑的安全性、经济性、美观性等重要的问题。高层建筑结构设计中，风力或地震力等水平荷载往往成为控制设计的重要因素，一般以此强调设计来保证结构物的安全。除此之外还必须对高层建筑的侧移加以控制，也就是说，结构安全不仅要考虑强度还要保证变形量。这是因为，过大的水平位移会使人感到不舒服甚至不能适应，会引起电梯运行困难，影响正常的生活和工作；它还会导致填充墙或装修开裂甚至脱落，这不仅影响建筑的正常使用，而且容易造成人身伤害。这种结构安全特性是由高层建筑的非凡高度引起的，所以首先要进行合理的结构选型，保证强度。高层建筑结构的合理构成包括结构的均匀对称、荷载的传力直接、结构的合理刚度以及建筑空间合理利用等诸多要素，不同高度、不同使用功能的高层建筑应采用不同类型的结构体系，增强结构选型的动态适应性。高层建筑往往因功能的不同而导致内部空间需求的不同，因此需要建筑师在创作过程中，充分考虑建筑使用功能对内部空间的需求，并结合各种条件加以综合，确定实用、经济、安全、高效的结构体系（常见的结构体系所能提供的内部空间见表 3-1)。

表 3-1　常见的结构体系所能提供的内部空间

结构体系	框架	承重墙	框架-剪力墙	框筒	筒中筒	框筒束
建筑平面布置	灵活	限制大	比较灵活	灵活	比较灵活	灵活
内部空间	大空间	小空间	较大空间	大空间	较大空间	大空间

最经济合理的结构体系往往具有一种简洁、明确、稳定、平衡、有力度的科学美，在高层建筑发展史上，出现了许多结构艺术的典范之作。

芝加哥的西尔斯大厦，由 22.85m 见方的 9 个相同尺寸的筒体组成，形成框筒束（束筒）结构，并在 35 层、66 层、90 层的 3 个避难层或设备层设置一层高的桁架，形成三道圈梁，提高了建筑抵抗竖向变形的能力；同时为造型考虑，9 个筒体分别在不同高度上截止，创造出优美而富有变化的建筑形象（图 3-3）。

明尼苏达联邦储备银行则是世界上较早把悬挂结构用于高层建筑的实例，大厦 12 层楼的荷载通过吊杆悬挂在四榀高 8.5m、跨度为 84m 的桁架大梁上，并采用两条工字钢作为悬链，对悬挂体系起稳固作用。

近年来，一些新的结构形式也越来越被建筑师所喜爱，并开始应用到高层建筑的创作上，比如悬挑结构、联体结构、巨型框架结构等。随着技术不断地创新，高层建筑新结构体系不断涌现，使得建筑师在结构选型方面可以更加游刃有余，而各种结构体系也都有各自最大的适用范围，体现了动态灵活的适应性。

如 22 层的慕尼黑 BMW 公司办公楼（见图 3-4），平面核心为钢筋混凝土筒体。利用顶部及中间设备层由筒体挑出的支座，通过预应力钢筋混凝土吊杆，吊住四个花瓣形的办公单元，不仅增加了采光面积、功能合理，而且结构新颖、外观玲珑。

联体建筑是指将几座建筑物用若干楼层连成一个整体，使建筑物的工作特点由竖向悬臂梁改变成巨型框架，联体建筑形成空门框架后，刚度提高，周期变短，侧移减少。真正意义上的联体建筑以巴黎拉德芳斯新凯旋门（见图 3-5）最为典型，这座建筑于 1989 年建成，巨门重 30 万吨，每根桩承荷重近 3 万吨或 4 倍于埃菲尔铁塔的重量。方框的结构由四榀后张钢筋混凝土巨型框架组成，大梁高 4 层，间距 21m。框架的顶部和底部各以一个 3 层楼高的水平构件相联结。巨大的门洞被称为"通向世界的窗口""人类的凯旋门"。它对于香榭

图 3-3　西尔斯大厦

图 3-4　BMW 公司办公楼

图 3-5　巴黎拉德芳斯新凯旋门

丽舍轴线来说，是既不全开敞，也不全封闭，似乎象征着法国革命以后已经走了 200 年的路，人类已经走完了 20 世纪，这是一个重要的里程碑，但通过它还可以看到前面有更长的路、更遥远的前景。

　　现代许多高层建筑，越来越多地采用技术创新成果，来实现设计师的设计理念。马岩松设计的中钢国际广场（见图3-6），建筑高度约320m，立面采用"六棱窗"作为母题，这种造型取义于中国古典园林建筑，正是由于六棱窗的层层叠加，整栋大厦就像是由无数生命细胞构成的、不断生长的有机整体。除造型作用，六棱窗还是支撑这栋高层建筑的主要结构系统。六边形的不断叠加使高层外筒自身就具备明显高于普通梁柱结构的抗侧力稳定性，是整栋大厦不再需要柱子，外墙本身就是承重结构，同时满足了办公标准空间使用效率的最大化（见图3-7）。这种结构形式，"减少了用钢量，节约了结构建造成本"，该结构"已经经过全国超高层建筑结构专家的可行性论证，在世界高层建筑领域也属于领先结构体系"[54]。

图3-6 中钢国际广场

图3-7 中钢国际广场细部设计

这些新型结构体系的选择，满足了功能上安全、实用、高效的要求，最大限度地保障了设计师的创作意图得以完全实现。结构选型所具有的动态适应性，为高层建筑的不断进步提供了强有力的技术支撑。21世纪，高层建筑继续向着更高的高度、更大的体量和更加综合高效的方向发展，因此也会对高层建筑结构提出更高的要求，相信未来高层建筑结构也一定会呈现出更加灵活动态的高适应性，以满足高层建筑功能高效化的需求。

3.2.2 布局设置的张弛有序

本节以建筑史的编年为轴进行汇总。

19 世纪末～20 世纪初期的高层建筑，在建筑史上被称作是功能主义的代表，这一时期的高层建筑摒弃了各种装饰，花钱越少、面积越多、盖得越快，就越能满足业主的需求。因此在功能布局上，极为简洁实用。

20 世纪 50～60 年代设计的高层办公建筑，通常采用简单的矩形平面，这是最基本的解决功能及流线布置的方法，因此，在大城市里到处都是这样的"方盒子"。富于变化的自由元素只被应用在立面设计、入口或地面层设计中，外观对于建筑结构的如实反映，出现大量看起来十分相似的办公楼。如中国香港的怡和大厦（也称康乐大厦）就采用标准的矩形平面，方盒子与立面上的圆窗相结合，创造出典雅的建筑形象（图 3-8）。

20 世纪 70 年代后期，办公建筑强调服务设施的便利以及便于管理的朴素设计，多采用转角空间、大窗和落地窗等手法，此时，纯粹的矩形办公区平面仍占主导地位，也出现了一些棱柱体式的"盒子"。

对于体形细高的塔楼而言，结构选型是设计需要考虑的主要问题。建筑师巧妙地运用结构体系和柱子的定位来创造新颖

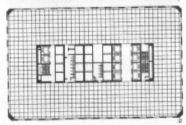

图 3-8 香港的怡和大厦

的平面形式，取代了仅仅通过外观设计创造不同塔楼外观形象的设计方法。P&T 公司在新加坡为渣打银行（SCB）设计了一个三角形平面的塔楼［图 3-9（a）］，将传统的方盒子转换为类似棱柱体的空间形态，并考虑到了建筑与城市环境的融合。

交通核通常位于塔楼平面的中心位置，而现在也可以被分离出来，放置在办公区域平面的外部，创造出无遮挡的大型办公空间，以适应承租人特殊的需

求。新的平面类型创造出了更多具有动人外观的高层办公建筑，也为建筑设计注入了新的活力 [图 3-9(b)、图 3-9(c)]。新建筑的规划及设计得以从限制性的盒子中解脱出来，而且锯齿状的拐角空间成为设计特色并作为行政区域使用，平面局部采用斜切角以及圆角的设计手法也被经常采用[55]。

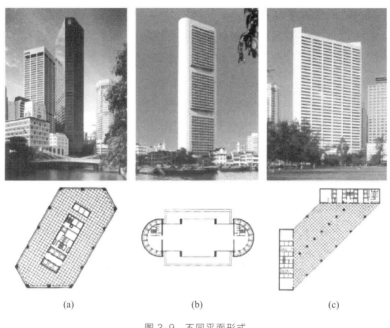

(a)   (b)   (c)

图 3-9 不同平面形式

此后，三角形、八角形、多边形平面的高层塔楼也随之出现。反射玻璃经常和花岗岩、金属组合使用，创造出新颖的高层建筑形象，"方盒子"的日子已经彻底离去了。

20 世纪 90 年代，由于高层建筑功能的综合化趋势，导致建筑布局设置日趋复杂，但功能划分愈加完善，同时与城市功能的结合愈加紧密，平面形式也更加多元化。

当今社会，高层建筑城市化、巨型化趋势愈加明确，许多国家都在设想建立巨型摩天大厦，其中有许多具有代表性的设想，比如日本大成建设公司计划建造一座高达 4000m 的水面超高层都市大厦，其规模已经相当于一座 50 万～70 万人口的中型城市。笔者认为，这些设想并不是人类虚构的童话世界，而是基于人类社会经济发展的坚实基础和各种高科技手段的物质保障所构筑的美好蓝图。

从上述内容可以初步得出这样一个结论：从简单的"方盒子"平面到各种相对复杂的平面形式，处处渗透出一种出于功能因素考虑的秩序性，设计师往往面对各种复杂的限制条件去寻找最本源的内在关系，去了解是由哪些功能要素构成高层建筑的特质，形成了当代高层建筑的崭新形象，也使得平面布置张弛有序，富于魅力。

3.2.3　空间塑造的多样均衡

很明显，近年来高层建筑并非只是平面布置得以不断创新，高层建筑的空间塑造也因技术的不断创新而有所发展，并且更加多样化和人性化。空中花园系统、中庭系统这样的水平与垂直空间的互动系统等人性化空间越来越多，使得高层建筑空间的塑造更加多样均衡，从而也可以改善工作生活在高层建筑中的人们的心理状况。

在高层建筑大量兴建的同时，不但改变着城市环境和面貌，而且也深刻地影响着人们的生活习俗和方式，特别是非常理性化地安排的高层建筑居住空间，既切断了传统民居、里弄环境中建立起来的过分接近和亲热，也使居住其中的人们日益变得理智起来、疏远起来，从而带来很多心理问题，比如孤独、不安等感觉。设计中多多制造交流空间如空中花园、中庭这样的水平与垂直空间的互动系统等人性化空间，可以因势利导地引导人们之间的交流，尽量减少与传统交流方式之间的差距，帮助人们弱化甚至战胜高空所引发的心里不适感。

（1）空中庭园系统

笔者认为，空中庭园系统的出现，主要是为了满足功能方面的需求：首先，身处高空的人们渴望享受到室外的自然生态环境，高层建筑本身也需要创造出高空中的室内室外环境的交流渗透；其次，高层建筑的中庭系统满足了自然通风的功能需求；再次，创造出具有立体绿化和景观的人性化空间。

空中庭园系统，本质上是一种开敞的凹进空间，有通高的玻璃门可以进入室内，形成了室内室外空间上的一种交流渗透。这种空间的上部不需要完全遮挡，可以覆以百叶式的屋顶，既可使风进入，又能使热气排出。这些空间甚至可以拓展到整个建筑的高度，作为风洞以利于室内通风。空中庭园一般适用于干热和气候温和的地区，因为这些地区有足够的室内外温差使烟囱效应产生的热气可以在这些空间中形成空气的流动。

北京 SOHO 现代城首次将空中庭园系统引入高层住宅建筑中，放弃点式住宅密不透风的布置模式，每隔六层设置一个贯通的空中庭园，北向的公共庭园将呼啸的风变得温暖柔和，身处高层中的人也可以自由地打开窗户，透过窗户，面对的是一个六层高的院落，仿佛回到地面，为人与人的交往带来了更多的可能。

香港九龙柯士甸道西一号是三幢并行排列的 65 层的高层建筑，该建筑设置了 4 组空中花园，为居民提供了不可缺少的活动场所，成为高品质的市民休闲娱乐空间[56]（图 3-10）。

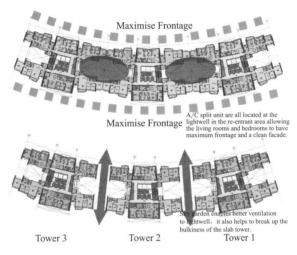

图 3-10 香港九龙柯士甸道西一号平面图

SOM 设计的沙特国家银行大楼，采用大面积实墙以防止暴晒和风沙的不利影响，但在其南、西立面上设计了 3 个 8 层高的空洞，巨洞结合中庭可促使空气流动，将过滤的新风导入室内，而且还能引入光线，在空洞处形成观赏城市景的景观，充分体现了形式和气候的结合。

（2）中庭系统

当公共空间在合理的情况下能满足数种功能，这一空间的使用效率就会提高，我们就视其为高效空间。高层建筑中庭系统（共享空间）就是因为使用功能的多样性和不确定性，成为水平与垂直空间互动、各种动态流线交汇的场所，从而具有丰富生动的吸引力。

以通高中庭的形式布置在平面中心，成为高层建筑一种典型的设计手法，中庭一般位于建筑物围合的空间内部，可集中设置，也可分散几处结合建筑功能分散设置。

比较为大家耳熟能详的就是诺曼·福斯特设计的法兰克福商业银行，交通核位于三角形平面的角部，办公空间位于周边区域围绕着中部的中庭（图 3-11、图 3-12）。由于过高的空间会产生紊流，因此福斯特将中庭在垂直方向上划分为几段，分别有各自的对外开口，完成独立的气流循环，而每一区域的对外开口都被设计为空中庭院的形式，将功能的需求上升到精神层面的需要。

总之，高层建筑必须维持内部空间的稳定性才能满足使用者的要求，这一点上，公共空间与其他功能空间的设计没有本质的区别。只是相对于其他空间，公共

图 3-11 法兰克福商业银行中庭

空间由于其空间的渗透性和贯穿性，可以具有更为连续的空间界面，使整个高层建筑的空间塑造更加多样均衡，满足功能上的高效需求。

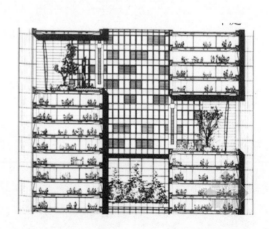

图 3-12 法兰克福商业银行平面、剖面

3.2.4 交通组织的便捷流畅

高层建筑功能多、容量大，将密集的活动集中在小范围用地内，从而使单

位用地面积产生高强度交通流。高层建筑内大量的人流以及使用者的复杂性为犯罪提供了可乘之机，使人们防范意识增强的同时降低了人们的心理安全感。

合理地组织高层建筑内部交通，直接决定了高层建筑的效率与安全，在某种程度上，决定了建筑的空间布局以及安全疏散。因此，必须保证交通组织便捷流畅、保证按防火措施满足疏散距离、疏散宽度、疏散口的数量、疏散方向等，保证疏散通道的便捷明晰，同时合理考虑人们的各种避难心理，如沿原路回归脱险的"野猪归巢"的行为心理、向光心理、随众性心理等。所以，合理的内部交通组织可以使建筑正常高效地运转，同时确保灾害发生后的安全疏散。

研究表明，一栋10万平方米的办公综合建筑每日吸引的人流可高达5万人次，相当于一个小城市的人口综合。因此，在综合型的高层办公建筑基地内需设专门场地和设施，用于交通流的集散、转换、组合分配以及车辆存放等。高层建筑的交通需求源于建筑内进行的各种活动，具体体现在交通的数量、时间分布以及交通方式构成上。显然，出入高层建筑的交通流量越大，交通量的时间分布越集中，则高峰时间内对交通设施的需求量越大。

高层医院建筑可以作为一个典型例子。

现代生活节奏的加快，促使人们对时间、效率更加重视。因此，确保交通流线便捷、提高诊疗工作效率的空间布局成为设计的重点。集约式的高层医疗建筑有效缓解了建设需求和用地紧张的矛盾。在集约式的高层医疗建筑中，门诊、医技、住院三大部分的分界逐渐弱化，并由相对独立的传统水平布局方式转向垂直布置。原来由多栋建筑承载的功能经过垂直或水平分隔被安排在一栋建筑中，医疗建筑的内部功能由相对单一转变为多样集成。患者和医护人流由原来在多栋建筑间的水平往返也被一栋建筑内的垂直联系所替代。高层集约式的医疗建筑不仅大大提高了医疗效率，方便了建筑设备和医疗管线的敷设，为现代化医疗设备的应用提供了条件（如医用物流、气动管道输送系统等），而且也使各种建筑管线（如医气管线、空调管线、污水系统等）的敷设集约、减短。与此同时，患者的往返路程被大幅缩短，医护人员的工作效率也显著提高。只有保证医疗活动流线的清晰、顺畅、互不干扰，才能最大限度地提高医院的医疗效率。

在中山大学附属第一医院手术科大楼的设计方案中，设计者在这栋地上25层、地下3层，建筑总高度达95.76m的高层医疗建筑内，合理快捷地组织了水平和垂直交通系统，使高层医疗建筑的优势得到了充分发挥[57]。

再如中山大学附属第三医院医技大楼的设计中，建筑师将科室在水平方向与垂直层次上合理布置，形成符合医疗功能且方便快捷的就诊流线。急救中心于医技综合楼一层独立设置有利于形成快速、安全、直接的绿色通道，体现了急救优先的原则。医技部分位于建筑的2～5层，患者可以通过两层通高的大厅内的竖向交通到达各层医技单元。医技综合楼竖向交通和水平连廊的设置充分考虑了与门诊楼的功能联系和人流组织。在满足医技综合楼竖向交通需求的同时，也方便了门诊人流到达医技综合楼的其他楼层，使医技大楼充分融入到医院的整个医疗流程体系之中，较好地体现了高效便捷和"以人为本"的时代要求以及人文关怀[58]（图3-13～图3-15）。

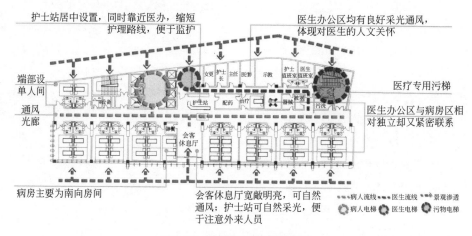

图 3-13　护理单元平面图及分析

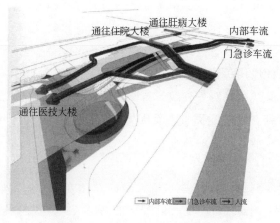

图 3-14　主入口立体交通分析图

随着高层建筑功能的日益复杂化、综合化，其交通流线组织是否便捷流畅成为衡量高层建筑功能高效性的重要标准之一。

3.2.5 整体功效的整合提升

高层建筑发展到今天我们可以得到这样的一个认识，作为一个复杂的复合体，建筑所承载的内容不再是单一类型建筑的承载力所能完成的。功能的复合性带来作为支撑的技术的复杂性。为此，作为建筑设计条件的前期策划变得和建筑设计本身同样重要。这种策划不仅仅是某一方面的，从大的分层上可以归纳如下。

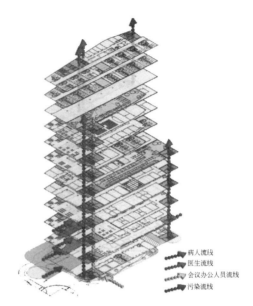

病人流线
医生流线
会议办公人员流线
污染流线

图 3-15 竖向流线分析图

（1）功能性策划
① 运营管理；
② 城市环境；
③ 内部空间环境。
（2）技术性策划
① 结构体系；
② 设备运营体系；
③ 计算机网络体系；
④ 新技术运用的可能性。

第一，功能性策划。高层建筑，往往因其庞大的体量和复杂的使用功能，不易被简单地掌控。同时，商业地产开发不同于其他开发项目，引入专业顾问公司的管理体系对项目运营至关重要。许多大型的综合开发项目都会引入国际商业顾问管理机构进行市场调研、商业定位、商业规划、商业招商及项目管理，从而形成完整的关于高层建筑运营管理、城市环境、内部空间环境等几个重要方面的策划案。在后续的规划设计及建筑设计中，建筑师充分尊重顾问公司市场研究结果，依照国际商业地产的操作程序，在管理机构指导下进行设计。细致深入而富有成效的前期工作确定了建筑中合理功能的形成和高效布局形式的产生。

同时，无论是先期策划还是接续的设计阶段，都充分考虑到城市与使用者之间的需求，使功能层面形成内与外良性的循环与互动关系。

以河南建业 Giant Mall 方案为例（图 3-16），河南建业 Giant Mall 是河南省建设规模较大的综合性开发项目之一，总占地面积约 50000m^2，它包括购物广场、商业写字楼及高级公寓，庞大的建筑体量、繁多的功能种类，使其俨然成为一座"城中城"。面对建筑功能的多重复合，先期的专业策划使得设计从一开始就目标明确，整体功效得到整合提升。该项目设计中，商业写字楼平面呈折线型布局，内部的垂直交通核心筒偏于西北角，使建筑的主要朝向是东面和南面，保证建筑具有最佳视野和最大景观面。高级公寓在首层也设有专用的出入口，配备专用电梯直达 4 层（裙房屋顶层）屋顶花园，然后再换乘单元电梯入户，这样的设计提高了公寓的舒适性和私密感，也创造了良好的整体功效（图 3-17）。

图 3-16　河南建业 Giant Mall

第二，技术性策划。21 世纪的高科技水平及设备更加先进和完善，尤其是设备技术的革新与成果几乎可以创造第二自然环境，因此在技术性策划的阶段就探讨各种技术实现的可能性往往变得非常重要。一方面结构技术、设备技术、计算机网络技术的运用，使得高层建筑整体功效得以提升；另一方面，由于人们越来越把建筑作为环境中的重要因素来看待，因此，高层建筑作为一个

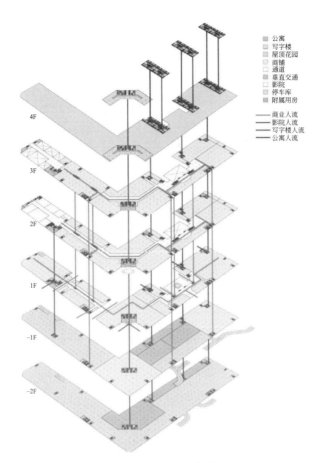

图 3-17　Giant Mall 功能流程图

以人工环境为中心的设计概念，探讨各种高新技术的可能性，正在受到公众和建筑师的重视和推崇。对于发展中国家而言，"建筑节能"刻不容缓。许多大型的综合开发项目采用整体设计方式（integrated design process），建筑师、生态节能工程师、结构工程师在方案初期就密切配合，选用最适合该项目的整体技术系统，最终实现理想的效果：节约建设投资、提高项目回报效益、创造高舒适度、提高产品市场竞争、节约建筑运营成本，进而提升了整体功效，增强对客户的吸引力。

　　在 Giant Mall 写字楼和高级公寓设计中，针对 Giant Mall 的市场定位及区域气候条件，采用下列生态节能的高科技技术系统：建筑辐射采暖制冷系统、建筑活性能量基础系统、置换式舒适健康新风系统、高效保温隔热外墙体系、高效保温隔热玻璃门窗系统、太阳能光热一体化（BIPV）系统或太阳能热水技术系统等。其中，技术系统有许多是相互关联的，单独采用某一系统并不能达到舒适节能目的。如建筑辐射采暖制冷系统和置换式新风系统是欧洲应用几十年的技术系统，是传统中央空调、户式空调更好的换代产品，但这一系统必须与高效保温外墙、外窗及遮阳设施相配合，否则就不能达到预期效果。在这一类工程项目设计中，更需要较高的设计精度，需要各工种设计师的密切配合[59]。

由于高度信息化的社会将改变城市形态、结构、功能、交通、人们生活行为方式、建筑空间概念等，因此从建筑创作理论、设计方法和有效的运筹机制适应未来的挑战出发，将如何有意识地、科学地以超前的观念和方法去研究、去实践，这才是建筑师面对高层建筑不断发展的形势所必须具备的素质。

3.3
功能平衡性的技术创新对策

前文已经明确指出，平衡性是指高层建筑作为各种技术系统的集成，各技术子系统应保证自身整体功效良好，同时达到建筑内部与建筑外部功能均衡发展。建筑师要力求利用技术对策实现高层建筑功能层面的平衡性。

本节核心内容，主要从以下三方面展开。

① 功能体系的优化。高层建筑发展至今，技术上已经越来越趋近于完美成熟，确保功能层面平衡性的首要对策就是对于功能体系的优化，这主要表现在功能关系的整合上，这种功能关系的整合确保了各职能空间的优化，同时依托结构体系作为基本的技术保障。

② 功能领域的扩展。信息化社会的发展已经导致高层建筑的功能领域产生拓展，人们足不出户就可以从事各种活动，无限的虚体空间给人、建筑和城市带来新的活力和能量，这种变化也导致高层建筑在未来存在更多的可选择性。

③ 功能模式的综合。以多种功能空间复合为原则，成为满足高层建筑平衡性的重要对策之一，这种复合不是简单的水平分区和垂直分层，而是通过对功能空间的整合，形成既相对独立又相对联系、既相互依存又相互支撑的关联

方式，创造有机、复合的整体功能模式。

3.3.1　功能体系的优化

　　高层建筑功能体系的优化过程，不能只看一个方面，而应全面地、综合地去看问题，从而达到总体优化的目的。这种优化，以创造合理、平衡的功能空间为目标。

　　具体的技术手段就是对各种职能空间进行整合重组，以达到优化。

　　一个非常具有代表性的案例就是位于中国北京 CBD 区域的中央电视台新总部大楼（图 3-18）。CCTV 新总部大楼是包含行政办公、新闻广播制作和全程电视节目制作的综合性建筑。传统的设计方式是将上述各功能相对独立地水平布置，功能空间单一独立；实施方案中，在相互交融的功能流线中，两座塔楼从普通制作平台部分拔地而起，在空中相连接，形成悬臂形的管理空间层。两座塔楼分工明确，一座承担播出功能；而另一座集综合服务、研究教育功能于一体，两座塔楼相互贯通。工作人员虽置身于不同的功能空间，却在共同完成电视节目的制作工作，每个人都了解到合作的本质是相互联系的链，是团结而非孤立、是协作而非对立，因此大楼本身对于加强员工凝聚力起到了重要的作用。

图 3-18　CCTV 新总部大楼

　　设计者库哈斯认为，在功能上大多数摩天楼只按功用提供常规的使用空间，并没有体现建筑作为城市新文化、新内容和新生活"孵化器"的可能；另一方面，在形式上，摩天楼执着于对垂直的极限表达，这种垂直的营造却限制了想象力的发挥。当摩天楼拔地而起，创造力却轰然倒地[60]。所以，库哈斯将塔楼在水平和垂直方向上都构成"环"，而非笔直指向天空。建筑物立面上的网格表现了"力"在结构中的传递（图3-19）。

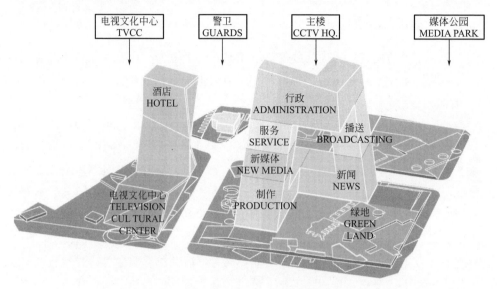

图 3-19　CCTV 新总部大楼功能结构图

　　MAD 事务所于 2004 年应邀参加了广州双子塔（西塔）的方案设计国际竞赛，在给定了建议性高度之后，还是有很多设计师决定通过突破限制高度来获得标志性。MAD 提交的方案——800m 大厦则反其道而行（图 3-20），设计出一栋连续的整体建筑，400m 上去，400m 下来，并不"一味追求建筑高度和纪念碑式的形式主义构筑物"[61]，而是将商业、服务、娱乐、办公、酒店等诸多功能空间优化组合，其内部功能的组织形成了立体化的系统，办公与酒店在空中相连，建筑顶部的连接体内设置两塔的观光缆车，成功地体现了城市活力（图 3-21）。

　　然而，我们应当清醒地看到：所谓完美统一、最佳平衡，在一个包括技术问题的复杂系统中，其优化实际上不是一个点，而是一定的范围。就高层建筑设计而言，如果在主要问题上没有严重缺陷，大量的问题解决在正常范围之内，而在某些方面有所突破、有所创新、别具特色，就是一个较为成功的设计。因为对于高层建筑这样一个复杂的系统，多全其美、样样突出是不存在的，其总体优化往往是以某些局部不那么"优化"为前提的。问题的关键在于从总体上要得大于失，而不失在要害处。也许持这样的观点来处理高层建筑总体协调优化与创新的问题可能更有效、更现实一些。

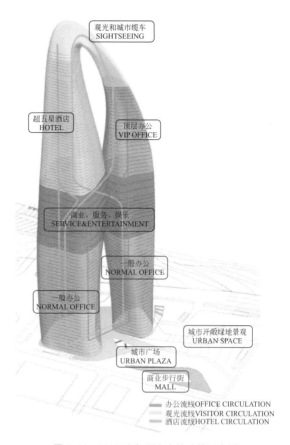

观光和城市缆车
SIGHTSEEING

超五星酒店
HOTEL

顶层办公
VIP OFFICE

商业、服务、娱乐
SERVICE&ENTERTAINMENT

一般办公
NORMAL OFFICE

一般办公
NORMAL OFFICE

城市开敞绿地景观
URBAN SPACE

城市广场
URBAN PLAZA

商业步行街
MALL

办公流线OFFICE CIRCULATION
观光流线VISITOR CIRCULATION
酒店流线HOTEL CIRCULATION

图 3-20　MAD 事务所提交的方案效果图　　　图 3-21　MAD 事务所方案的功能示意图

3.3.2　功能领域的扩展

　　笔者认为，高层建筑功能领域的扩展是实现高层建筑功能平衡性的重要对策之一。

　　第一，城市功能和结构的变化会直接影响高层建筑功能的更新。当代高层建筑已经不仅仅是"各自为政"，而是通过底层空间与城市商业、交通、休闲、娱乐等功能的结合，形成了把许多功能集中在有限空间中的立体化的多功能的空间。

　　主要手段是通过城市空间立体化，通过高层建筑的立体化空间建立完整的车行系统和步行系统。空中步行系统是通过单独的步行体系将各个街坊串联起来，街坊之间采用过街楼相连，形成一套独立于城市街道的步行街，并设想把这种步行系统扩展为整个城市的步行体系，从而实现了高层建筑功能领域的扩展。这方面的代表性案例有很多，如香港中环商业区的底层城市立体交通系统。

第二，由于全球信息网络的建立和发展，使人类生活、工作、休闲的任何场所都具有"千里眼，顺风耳"的功能，人们足不出户就可以从事各种活动，作为集中了人类高科技成果的高层建筑更是首当其冲，其功能领域必然不断扩展至全球信息网络大的体系当中。

电脑与信息技术的建立和发展将对人类社会和人的生存空间产生极大的影响。由于采用电脑装置和网络技术，可以方便地存储信息、提取电子信息，于是虚体的电脑软件能够减少实体的建筑，如大量的办公文件、档案、图书、音像文献、研究资料、医疗病历等所需的物质的、固定的实体建筑空间，它将会被一种非物质的、无固定场所的虚拟空间所替代或部分地被替代，而且，也将会出现一些虚拟的商场、银行、诊所、图书馆、美术馆及没有校舍和教师的大学等。因此，人类生存空间可以得到极大的拓展，在原有的实体建筑空间外，将会出现无限的虚体空间，能给人、建筑和城市带来新的活力和能量。

高层建筑智能化趋势就是以信息技术为基础而不断发展的，一方面完善、方便的信息网络系统及其高科技信息技术具有极大的吸引力，成为21世纪社会进步的动力；另一方面由于信息革命，正在形成一种以高新技术为基础的新的"国际风格"。

以河南高速公路联网中心（图3-22）的设计为例，该项目业主提出建立联网中心的目的是建设以河南省交通厅机关局域网为中心、省交通信息网管中心为枢纽，形成整体信息网络，使其成为全省交通系统电子政务中枢和服务于全省交通系统的综合平台[62]。因此，与建设要求紧密联系的是一系列的关键信息：交通、联网中心、局域网、枢纽、信息网络、中枢和综合平台，这些信息为设计者提供了设计构思、定义建筑和构筑空间结构的契机。

该项目需容纳众多的职能部门，其中包括8个主要职能空间。该项目建筑师并未按传统方式将这些职能部门在垂直向度上叠加，形成独立高耸的主楼，而是把重点转向了水平向度和时间向度（图3-23）。通过分析该项目设计的基本要求，将8个主要职能空间条块在水平向度上分层展开，从南至北依次为：联网监控中心、机关与公路局办公、公路局机关服务中心、综合办事大厅、会议中心和餐厅，同时还设有属于二期建设工程的会议中心、档案中心、培训中

图 3-22　河南高速公路联网中心

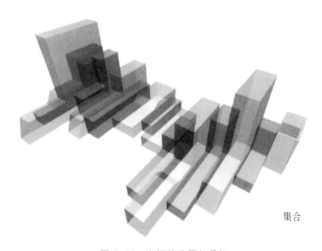

集合

图 3-23　空间的分层与叠加

心和综合站房。同时，将绿化空间与职能空间放在同等重要的位置，通过室内中庭绿化带状空间与带状办公空间的并列布局，将建筑空间、绿化空间与基地景观空间有机地编织起来。办公空间——室内中庭绿化空间——室外广场层层渗透，使室内、室外空间紧密衔接。职能空间、中庭绿化空间由南向北交替出现，并以一种平行、并列的等同关系在场地中编排组合，同时建筑内部的中庭又成为组织交流、休息、接近自然的场所。这种介于城市环境与办公功能之间的介质空间，成为高速公路联网中心设计中重要的创新主题，同时也优化了办公环境。

3.3.3 功能模式的综合

不同的功能空间均有不同的空间组织模式和容量配比。以几种典型的高层建筑类型为例，其空间组织模式如表 3-2 所示。

表 3-2　高层建筑空间组织模式

建筑类型	空间组织模式
高层居住建筑	以交通核为核心的空间模式
高层办公建筑	大空间开敞办公模式
高层综合体建筑	综合系统化的功能模式（合理安排不同功能）。各项功能在建筑内的空间安排（从地面至高层）遵循以下原则：从公共性强到私密性强、从功能块面积小到功能块面积大，从使用人数多到使用人数少

福斯特事务所设计的俄罗斯塔（图 3-24），内部包含公寓、酒店、办公和休闲等多种功能，建筑师运用高效的组织方式、合理的空间配比，将众多的功能综合处理，完善了整体空间体系。塔楼呈三角形，上窄下宽的体型在建筑内部形成了三个独立部分并缩短了建筑进深，提供了大型、双面、灵活和无柱的办公空间，住宅和酒店布置在较高楼层，并将它们设计成一系列可单独划分的模块单元，公寓不仅可以自由通风、自主采光，还拥有比普通公寓高 2 倍或 3 倍的容积率，并设有私家空中花园。整个设计，建筑师将复杂的功能模式加以综合处理，并与建筑形体有机结合，凸显了该设计的活力[63]。

图 3-24　俄罗斯塔模型

再以高层医疗建筑为例，多种功能也需要被设于同一个建筑综合体内。在设计中，建筑师应该对常规的空间和流线处理方式重新进行审视，以提高建筑空间的使用效率，创造出综合系统化的功能模式。

以重庆某医院综合楼建筑创作为例，其一，由于综合楼功能繁多、空间及流线十分复杂，常规的空间处理手法不但会导致使用管理不便，同时也容易使人们在建筑中迷失方向，严重降低建筑的综合使用效率。其二，教学、科研空间使用者的人流在上下课、上下班高峰时段内可能会比较集中，且具有瞬间集散的特点，而且由于其所在楼层较高，方便、快捷的垂直运输十分必要。表3-3列举了综合楼的众多功能，也说明了经分析安排后各种功能的空间分布情况。

表 3-3 综合楼功能及规模

分类位置	功能及规模	面积/m^2
次要高层	450 床位内科住院楼	15000
主要高层	300 床位三星级酒店	11000
	行政办公	10000
裙房上部	科研实验	15000
	教学	5000
裙房中部	住院相关：临床药理、病案、中心实验、影像	5000
	体检中心	3000
	图书馆	2300
	会议中心	1400
底层及吊顶	宾馆、病员、职工、高知等 4 个食堂(含厨房)	2500
地下	400 车位地下车库及设备	18000

通过竖向功能及流线图清楚地了解各种功能的空间位置（图 3-25、图 3-26）。在创作中，还采用了"楼中楼"竖向功能块。"楼中楼"是一个全新的概念，用来解决功能复杂且流线必须分离的矛盾。以 5000m^2 的办公区为例，建筑师可以将其布置在 1 个楼层内，也可以布置在同位置的 3 个楼层内，前者可能水平联系路线过长、垂直主通道需求较多，而后者联系路线缩短且仅需 1 个垂直主通道。显然，在综合楼等建筑需要将垂直主通道明确分离的情况下，后者具有明显的优势，类似于形成了建筑内一个独立的功能块——3 层办公楼。重庆医附一院综合楼就利用"楼中楼"的概念进行空间划分，将若干低层建筑同层并置或竖向叠加。例如科研实验部分犹如一栋 8 层建筑叠加在下面各种功能区之上，其中间层设置主门厅。建筑不但通风条件较好，而且各功能

区管理方便、安全有保障，更重要的是让建筑的使用者目的明确，容易定位，提高了建筑的使用效率。

前文也有提及，因为高层建筑的功能日趋复杂，功能体系不断优化、功能领域不断扩展、功能模式不断综合，笔者认为，高层建筑城市化、巨型化的可能是存在的，这不仅仅是人类美丽的设想，在不久的将来，巨型摩天城市有可能成为现实。

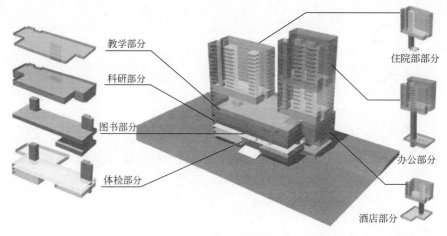

图 3-25　功能结构图

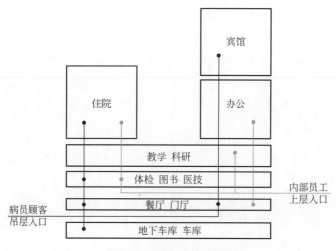

图 3-26　竖向功能及流线图

3.4
本章小结

　　综上所述，高层建筑功能的技术创新核心是如何有效地利用不断更新的建筑技术手段来支持单体建筑的功能性拓展，各个系统之间技术优势最大化的发挥和相互的作用，相应地解决了高层建筑在功能复杂化后使用质量所存在的问题。同时，技术所带来的结果是高层建筑不仅仅是功能合理性的提升，也使得建筑内部空间有了更深刻的意义。

　　高层建筑功能的优化与综合是依托建筑技术的更新与改善提升的，建筑技术的创新应用是建筑师建筑创新的源泉之一。建筑技术的有效应用对于建筑功能的创新而言更加具有了潜在的基础。

　　建筑师追求在功能合理的基础之上，最大化地满足功能的高效性和平衡性，这也是高层建筑功能设计中技术创新的目标所在。

　　这样的目标必然导致：首先在理论上关注技术对高层建筑的根本作用，关注如何使各复杂功能系统之间的关系达到最优化，关注如何实现各技术子系统自身良好的整体功效；不断发现和利用新技术手段来达到其目的永远是高层建筑功能技术创新的新课题。

04

第 4 章

高层建筑环境设计
中的技术创新

高层建筑存在的直接环境，是典型的自然与人工环境的组合（图 4-1）。高层建筑从城市中吸取技术与文化的营养，从自然界获得资源和能量，并通过各种人工系统形成人与自然界的物质与能量的交换。本章试图从理论和实践两个层面进行论述。

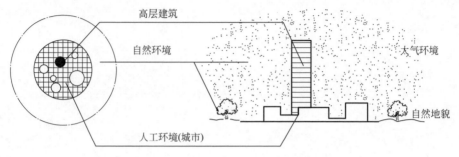

图 4-1　高层建筑与环境关系示意图

4.1
环境范畴创新目标

正是因为环境的重要性，任何建筑设计都力图创造出舒适宜人的人居环境，高层建筑也不例外，处处体现出现代建筑技术创新对环境的巨大作用。但不可否认的是，人类的任何一种建筑类型都是在与自然环境相悖—适应—改造—适应的循环中发展的，现代建筑与自然环境是相悖的这一点是客观存在的现实。建筑史的结论是：建筑是环境的组成部分。现代工业造成的城市化发展对建筑提出了势在必行的要求，由此而引发的现代高层建筑的发展是人类对自然发出的挑战之一。

从深层的视角来审视高层建筑环境所追求的内涵是由以下的问题为核心的：人性化-舒适性；生态化-自然性。

从这样的角度来审视高层建筑无疑是所有建筑类型中对环境最具有挑战性的，这种挑战的核心就是如何利用技术支持来完成环境对建筑的要求。

由此，建筑环境范畴的技术创新的目标笔者定义为：使高层建筑最大化地满足生态化-自然性和人性化-舒适性的需求并不断发现和利用新技术手段来达到其目的。

本章内容就是从外部环境的城市化与生态化、内部环境的人性化与生态化两方面来解析高层建筑环境设计中的技术创新，并从这两方面入手寻求如何利用技术对策来实现高层建筑的自然性和舒适性。

4.1.1　外部环境的城市化与生态化

对于高层建筑的外部环境，笔者认为其核心就是追求外部环境的城市化与生态化，用技术手段最大化地满足自然性的需求。下面对相关有代表性课题的既往研究和实例进行分析（以时间顺序为轴）。

早期的高层建筑，往往将更多的注意放在建筑自身功能的合理和造型的美观方面，缺乏对"外"的应有的关注。

这样产生的直接严重后果就是，在建筑的内部环境变得日益舒适、造型变得日益丰富的同时，它所处的城市环境却愈来愈索然无味，现代建筑的各自为政，使人们失去了对平和城市气氛的享受，最终也将影响到自身功能的完善。

后来，许多建筑师预见到高层建筑将使城市形态发生巨变，因此尝试以高层建筑作为基础建立一种新的城市秩序。如胡德和弗立斯试图把高层建筑作为城市的主宰，作为城市的结点和中心来控制城市的整体秩序。

高层建筑在城市中的实践证明，高层建筑对城市的负面影响早已产生。这也迫使我们不得不将高层建筑研究与城市建设联系起来。

针对这些状况，许多学者致力于从城市的宏观角度来建立与建筑之间不可分割的关联性研究。

吴良镛先生在《广义建筑学》中指出："建筑的发展是与城市并进的。"[13]所谓高层建筑设计的城市观，就是从建筑构成的整体环境——城市空间来考虑，不仅考虑到建筑自身制约，更要考虑城市的需求，甚至要考虑整个自然环境的需求，使城市空间环境的观念融入到研究的全过程，将高层建筑的空间、形态与城市结合起来，以实现建筑与城市协调、同步的发展。

1990年在香港举行的第四次国际高层建筑会议的主题是研究和探讨 21 世纪的高层建筑发展方向。会议将"考虑环境的高层建筑"这一主题放在首位，反映了世界各国在发展高层建筑中对环境的重视。关注高层建筑与人居环境的关系是建筑师与规划师的出发点与回归点。那种极度自我表现、忽视城市环境的思想受到广泛抨击。

高层建筑的城市化趋势已经得到学术界的认同，就这一点，笔者与学术界众多学者的观点是一致的，它表现在：

第一，高层建筑是组织城市景观的核心要素。一方面它是城市的重要构成要素和视觉观赏中心，另一方面又对所在的城市产生着关联和影响，二者在动态中寻求相互的契合。高层建筑一经出现，就往往成为城市空间标志的角色，城市景观的焦点也随之转移。

比如香港的城市天际线，在高达 420m、88 层的香港国际金融中心（二期）（图 4-2）建成之后，就成为高楼林立的维多利亚港湾最高的建筑，成为城市景观的焦点，居于整个香港城市景观的统领地位。

第二，高层建筑是调整城市结构的重要元素。单体建筑的承载力的加大，必然加大整个城市的承载力。

高层建筑所具有的巨大外部引力，也无形中影响了城市的发展和重心的偏移，它的选点、布局的得当与否会对城市的正常运转、城市的空间环境起到一系列的正面或负面作用。

例如波特曼设计的 Marina 广场（新加坡），三幢会议酒店办公楼和大型零售商场构成了 Marina 广场，这是新加坡最大的零售商场，它把当地居民吸引至此，从而提高了三座酒店设施的吸引力，也使得建筑承担了城市性功能。

图 4-2　香港国际金融中心（二期）

高层建筑群体的布局应有利于城市空间发展的动态变化。

据上海房地资源管理局有关部门统计，截至 2001 年底，上海已建成的高层建筑已达 4226 幢，总建筑面积 7410 万平方米，超过香港，不仅在全国居于首位而且在世界上也是排名第一。上海通过群体化高层建筑的规划建设，成功地带动了城市经济的发展，并且改善了老城区生活环境。

第三，高层建筑使城市空间开发立体化、多样化。

高层建筑使得城市空间立体化，即空中、地面、地下的立体开发是当代大城市实现城市空间建构的重要手段之一，它可以解决城市交通空间与人们的活动空间相互交融的问题，从而保证城市空间的良性发展。

德国法兰克福商品交易会大厦位于城市西南部，这里有铁路、公路穿过会址，被分为东西两个区域，而这两个区域的两条轨道在此相交，形成一个敞开的三角形地段。30 层 130m 高的交易会主楼就屹立在这个不规则的复杂地形上。这幢建筑以其鲜明的形象，恰如其分地表达了某种象征意义，为整个商品交易会在城市中的坐标进行定位，成为交易会的象征，对法兰克福市的规划产生深刻影响。该建筑通过上下纵横的立体化交通空间组织，克服了铁路、公路这些障碍对设计的制约，成为连接东西区域的"桥"，保证了两个区域商品交易展览活动的有机联系（图 4-3）。

高层建筑在改变城市面貌的同时，也不可避免地带来许多负面影响。现代高层建筑对于社会、经济、环境、能源的这种影响是潜在而长期的。其内外物质、能源、信息的

图 4-3　位于法兰克福的商品交易会大厦

流量都很高，必然造成其生态方面的众多不利因素，包括有：局部生态影响大、能源消耗巨大、环境污染、局部交通压力增大、内部空间质量不高、对城市空间形态以及基础设施造成影响等。

针对这些不利影响，高层建筑的生态化研究可以归纳到两个方面：一是探讨高强度人类活动对环境的影响，这是针对城市环境而言，牵涉高层建筑对能源、污染、环境等物理因素以及社会、文化等心理因素的影响；二是生态系统在人工环境中的竖向组织，这是针对使用者的较小范围，着重于探讨结合高层建筑

的形态特征，将自然要素融入高层空间，营造符合生态要求的自然-人工环境。

4.1.2　内部环境的人性化与生态化

对于高层建筑的内部环境，笔者认为其核心就是追求内部环境的人性化与生态化，用技术手段最大化地满足舒适性的需求。

随着生态化运动的影响，对高层建筑的需求已经不再仅限于更高的容积率、更完善的采暖供水系统或更先进的技术展现，各方面都希望高层建筑能在以上的基础上尽量减轻对环境造成的恶劣影响。方方面面的探索都是结合技术和人文双方面的优势，或以节能为主或以景观为主，一切以"生态对策"作为贯穿设计的主线从而达到可持续发展的目的。

布鲁塞尔马蒂尼大厦的改造就是一个实例，它建于 20 世纪 60 年代，30 层，层高仅 3.12 米，不能拆除只能改造。建筑师与工程师们应用仿生学原理，学习变色蜥蜴的皮肤对环境能做出反应的优点，将原有建筑界面外装置一层遮阳百叶作双层皮，通风管道置于双层皮中。夏天可阻挡阳光，减少冷气负荷，并创造出一种垂直日光层叠效应，可从办公室中抽拔排出废气；冬天双层皮用作日光采集器，加热空气预热空调；此外还可减少噪声。这种改建方式可达到 50% 的节能并增加 34% 的可出租面积，并且在屋顶最高处装置风涡轮发电机，可以提供 20% 的总能量需求。

对于高层建筑而言，节能环保与经济高效显得比其他建筑类型更为重要。

（1）节能环保

高层建筑不同于普通建筑之处就在于能源消耗在其日常运营中是必不可少的，不能单纯为节能而限制能源的使用，必须从能源的使用流程中寻找节能的方法。各种运营设备的供给厂家应该研制转化效率更高的产品以提高工作效率，使完成相同工作量的情况下消耗更少的能源。建筑设计者则首先应当尽量减少人工照明的区域，多利用自然采光的方式，因为高层建筑使用最多的输入型能源就是电能，从交通运输到照明到空调系统都需要源源不断的电能供应；其次应当利用建筑学的原理通过空间和材料的设计来控制室内温度的舒适和恒定，从设计之初就将空调系统作为辅助设施而采取自然或混合的通风方式进行环境调控；再者应当设计能量储存和循环系统，将设备散发和迎光面过剩的热量储备起来或送到需要供暖的区域；最后，高层建筑设计应当充分考虑使用洁净能源（例如风能、太阳能）的可能性，利用自身的技术优势来获得更为合理的能源供应。

从资料显示来看，目前许多杰出的生态大楼都在这些方面做出了榜样，通过更好的保温、减少空气流动时的热量损失、更新取暖设施以及营造更舒适的工作条件等使生态高层建筑所消耗的能源比空调建筑节省了近1/2（表4-1）。如果将建造和回收再利用方面的节能措施计算在内，则在全寿命周期内将会节约更多的能源，获得更大的收益。

表 4-1　不同类型建筑能耗比较

不同类型建筑	耗费能源/(kW·h/m²)
普通无空调办公建筑能耗	150
一般舒适的空调建筑能耗	230
生态高层的建筑能耗	100

（2）经济高效

从表4-2中可以看出，能源消耗的费用在高层建筑花费中占1/3还多，并且利用生态技术实现照明供暖等要求可以大大降低能源费，减少相关的设备费。高层建筑要想做到生态的目的，必须在建造时利用一些相关技术、采用一些比较高性能的材料，但这必然会带来初期投入的增加，必须加以合理平衡才能获得收益。但是，生态化高层的经济性优势就在于在运营期间首先可以节约能源减少运营费用；其次可以减少污染的排放，减少对社会负担的此部分费用；再者可以有条件创造更健康的环境，增加使用者的舒适度和健康度，从而提高员工的工作效率并减少公司因休假和不适所负担的经济费用；最后，由于采用高效能的材料和设备，将有可能延长高层建筑的运营周期，降低初次投入在整个使用费用中的比重。

表 4-2　典型商业摩天楼 50 年使用周期花费分配

不同花费类型	占总花费的百分比/%
建设费	10.7
初始设备费	3.0
设备费(含设备更新与修理)	20.0
能源费	34.0
安全费	10.0
维护费	14.0
清洁费	8.3

因此,在高层建筑中实现生态和经济效率的双重目标是有实现的客观基础的,使用过程的节约是完全有可能超过建造费用的增加而取得经济利润的。

生态建筑界著名建筑师托马斯·赫尔佐格在 2000 年汉诺威世博会组委会办公楼中综合运用了各种技术手段,虽然土建费用略高,但节省了大量的设备费用,最终将建筑的总投资控制在普通高层建筑造价范围内。当计算费用总量时发现,这栋建筑造价适中,但后期运行费节省,具有非常高的环境效益和经济效益。建筑师在设计中敏锐地处理好了一次性投资成本和运营成本的关系,使得建筑真正地实现了经济高效。

4.2
外部环境的城市化与生态化的技术创新对策

前文已经明确指出:建筑环境技术创新的目标内容之一就是外部环境的城市化与生态化,本节内容就如何利用技术对策来实现这一目标展开论述,笔者认为应该从三个方面展开论述:宏观层面、中观层面和微观层面。

对于宏观层面,主要是理论层面的分析,明确指出高层建筑的设计必须遵守的生态设计原则。

对于中观层面,主要是物理特性方面的分析,明确指出高层建筑应该创造出良好的"光环境""风环境"和"声环境"。

对于微观层面,主要是人的生活工作行为和环境与建筑的构成关系。

4.2.1 宏观层次——保护自然生态环境

全人类已经达成共识:自然生态环境是人类社会赖以生存和发展的物质基础,对生态环境的保护理应成为现代人必须恪守的行为准则。

高层建筑作为建筑领域的最高成就之一,在向重力和高度挑战的同时,自身也蕴藏了大量会影响生态环境持续发展的因素,例如对能源和资源的浪费。高层建筑环境层面技术创新的目的之一便是要妥善解决高层建筑与自然生态环境之间的关系问题。

从理论层面来讲,众多研究学者都对此课题给予了极大关注,高层建筑结合生态设计应遵循以下基本原则，这也已经是学术界公认的原则，笔者也深深赞同这些原则。

（1）整体性原则

城市的发展、高层建筑的建立必须有整体的思想，要明确高层建筑的性质、规模以及在城市中的地位，调整布局，局部服从整体，从整体考虑选择高层建筑的建设地点。结合高层建筑的建设，疏通城市交通，加强基础设施建设，控制性地确定它与城市整体的有序关系。努力做到近期与长远利益的统一，经济、环境和社会效益的统一。

（2）共生的原则

世界是由大大小小的生态系统组成的，高层建筑的建立应考虑人工环境和自然环境的和谐结合。共生是指不同种类的有机体或小系统间的合作共存互利的现象。从生态观看，高层建筑与其周围环境可视为城市生态系统中的一个子系统，它与周围的宏观和微观环境有着密切的联系。另一方面，高层建筑自身又是一个健全的系统，并与城市系统构成动态的平衡关系。高层建筑的设计应充分利用场地的生态条件，合理改造自然环境，使得高层建筑的环境系统同城市的环境系统取得共生的关系。

（3）反馈平衡原则

即保持生态平衡，保持发展和利用的动态平衡。从生态系统的整体上看，高层建筑的建立是对原始环境的一种不可避免的破坏。当这种破坏超出生态平衡所能容纳的范围时，就会导致系统的破坏和生态的失衡，因此，在高层建筑设计中应深入了解高层建筑的生态决定因素，找出它们的动态联系，建立新的平衡关系。

（4）环境增强原则

人对环境的改变带来的副作用只有在未形成必要的联系时才会出现，如果我们了解了高层建筑的组成要素，找出它们之间的能量和物质流的关系，把它们当成一个整体设计，就能减少甚至消除不利因素，增强环境的健康性。如雨水的利用既减少了对自然资源的消耗又增强了景观环境。

（5）经济性原则

经济性原则强调适应和高效，高层建筑应在形式上适应自然生态环境，尽可能利用一切自然资源，如干热地区建筑的内向性，湿势地区建筑的开敞性都是适应和高效的具体反映。

参量的流动、转换与传输是生态系统有序性和稳定性得以实现的基本条

图 4-4　Bicentenario 塔方案效果图

图 4-5　赫斯特大厦

件。20 世纪 70 年代走向表面化的能源危机为人类敲响了警钟，如何缓解能源问题已成为当今世界所面临的严重挑战。统计表明，建筑能耗占人类总能耗的 30％左右，而高层建筑的能耗则有可能高达普通公共建筑的 6～8 倍，高层建筑的节能设计是项综合性课题，涉及设备、管理等各方面。从建筑的角度讲，合理的组群布局、体形选择和构造处理等都将使节能取得明显的成效。大都会建筑事务所为墨西哥设计的 Bicentenario 塔（图 4-4）在设计中就充分利用可持续和综合设计方法发挥建筑最大的生态效能，其塔楼的"最宽处设有一段贯穿空间，既便于自然采光和通风，同时也使得内部空间不再孤立"[71]。大楼大堂空间在中部折弯，底部向公园开放，顶部向城市开敞，使建筑有机地融入到周围的自然生态环境中。美国纽约的赫斯特大厦（图 4-5）在保护生态方面也格外出色，"大厦建设过程中再生钢材的使用量占总用钢量的 85％，比周围建筑节能约 26％"[72]，获得美国 LEED 权威认证。

SOM 事务所在沙特阿拉伯设计的吉达市国际商业大厦紧密结合了当地的气候特点，采用"V"

字形平面，创造了 3 个内凹式的空中庭园。大厦外立面多为实墙，玻璃窗只开在空中庭园内侧，避开了灼热的直射阳光，大大降低了空间能耗，收到了良好的节能效果。近年来许多高层建筑在外墙材料的构造上采用新型复合墙体、中空玻璃、"可控双壁体"系统等，也能收到良好的节能效果。建筑师杨经文博士致力于热带地区高层建筑的节能研究，其建筑的成果——马来西亚 Menara Mesiniaga 大厦运用生物气候学原理，通过平面布局和构造设施等方面的特殊处理，取得了明显的生态效益。

4.2.2　中观层次——改善区域城市环境

从生态的观点来看，城市是一个以人为主体的复合生态系统。作为这一系统的重要组成部分，高层建筑应该成为城市可持续发展的推动力量，担负起改善区域城市环境的重任。

作为整个城市生态环境组成的高层建筑，一经建成，便时刻与环境相互作用（图 4-6）。这种作用可以表现为美化景观，改善局部气候，也可以表现为恶化物理环境，产生"高层风""常年阴影"等公害。问题的关键在于对建筑所处环境的深入分析和有效的设计，以实现高层建筑底部城市空间良好的"光环境""风环境"和"声环境"，对于这个问题，许多学者做出了大量的研究工作，现结合笔者的体验总结如下。

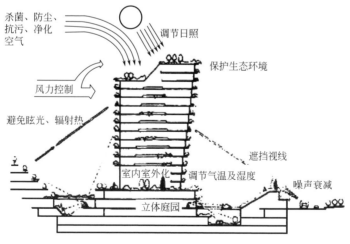

图 4-6　高层建筑是城市环境中的有机介入者

4.2.2.1 日照和阴影

高层建筑巨大的形体遮挡了大面积的阳光，直接影响到周围城市空间的日照，在高层建筑密集的大都市，问题尤为严重。城市空间设计中，主要考虑空间本身日照条件以及建筑阴影对邻界的阳光遮挡问题。城市空间本身日照条件的保证主要在于朝向的确定，一般情况下，都考虑将城市开放空间置于建筑主体南向方位且没有邻界建筑投影的区域。

高层建筑阴影对邻界阳光遮挡的问题与两个因素有关：一是建筑主体与城市空间的位置关系；二是建筑形体本身。研究表明，建筑形体本身从下到上的缩进以及底层设置低矮裙房，对减少遮挡十分有效。建筑主体与城市空间的良好定位也非常有利于减少遮挡，这要基于对场地的日照分析基础上（图 4-7）。目前，已产生了用于日照环境分析的软件，以便进行科学定量的分析评价。我们可以利用计算机，知道定量的场地日照条件、建筑投影范围与时间等信息，便于决策。

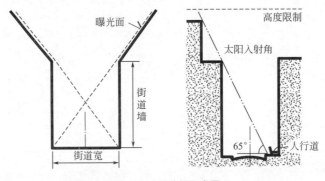

图 4-7　日照分析示意图

在具体的高层建筑底部城市空间设计时，一方面要留足够的日照给所需地段，如人的逗留、休息区域；另一方面，尽量将无须日照的区域，如交通地段、车道、停车场等设置于背阴处。当然阴影不是总令人不适的，在炎热的季节，阴影能给环境减少相当的热负荷。

4.2.2.2 避免高层风

高层风对外部空间的影响是高层建筑特有的问题，设计师的核心目的就是通过设计手段，使高层建筑底部城市空间成为一个吸引人的环境，具体的设计对策见表 4-3。

表 4-3 避免高层风的设计对策

对策 1	通过合理布局,避免将人流密集的外部逗留空间设置在高风速区内
对策 2	合理安排高层建筑的体形、高度、位置,积极避免高层风的产生
对策 3	采取措施减弱强风。在建筑底部近人的部分进行丰富的体形处理,利用裙房和低层建筑的配合,打破光秃的墙面及与地面直接的接触,形成较多的转折与过渡,可避免大风直扫地面的状况
对策 4	适当的植物和花架、连廊、台阶、矮墙等各种小品的布置,也为阻挡和缓冲风力制造较多的机会
对策 5	空间的下沉处理也可以利用高差形成较强的避风效果

SOM 事务所设计的广州珍珠河大厦,无论是建筑形式的推敲,还是总体布局的研究都充分考虑了对风能和太阳能的利用。大厦面向主导风向设置,充分利用风能以减少结构的风荷载压力。风能在经过精心的组织和控制后,变成了能够帮助建筑增加结构强度的"隐形背带"。大厦的主体形式能够将风流导向大厦机械控制室的一对缺口上,流动的风推动涡轮,从而产生供整个大厦使用的能量;同时,缺口使疾风穿越建筑,大大缓解了疾风直接吹在建筑上给结构带来的压力,减轻了建筑迎风面的承载压力,也减少了建筑被风面潜在的消极压力[73](图 4-8)。

4.2.2.3 治理噪声污染

努力减少噪声污染也是创造良好高层建筑外部城市空间环境的一个重要方面。城市中的噪声污染主要源于城市交通,交通噪声还会在

图 4-8 广州珍珠河大厦效果图

高层建筑之间的空间中产生回响而增强。通过设计对策，可以有效地治理噪声污染，创造相对良好的高层建筑外部声环境（表 4-4）。

表 4-4 治理噪声污染的设计对策

对策 1	进行合理空间布局,尽量远离室外噪声源
对策 2	设置一定宽度的绿带(图 4-9),通过植物对声音的吸收和空气的净化能力,改善声环境
对策 3	有效设计隔墙、下沉广场等,创造出安静愉快的声环境
对策 4	适当设置喷泉、瀑布等水体,改善环境

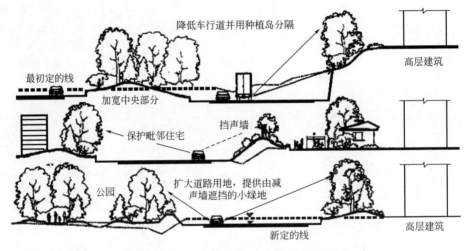

图 4-9 采用绿化隔离降低噪声对高层建筑的影响

4.2.3 微观层次——营造外部场地环境

场地环境是影响高层建筑设计的重要因素，它为高层建筑提供与城市空间交流的可能，主要包括基地、周边的建筑物、道路、绿地、广场、公共服务设施等实体以及由这些实体所构成的立体空间，也是人处在其中能真实、直观感受到的空间。高层建筑是否与所处的场地环境融洽，其评价标准相当一部分取决于公众的感受，简单地说就是人处在高层建筑所影响的空间范围内的感受。在高层建筑设计的前期需要及时录入这些信息，在整个设计过程中结合场地环境进行整体的设计。

笔者认为，对于微观层面，主要强调的是人的生活工作行为和环境与建筑的构成关系，主要包含以下三个层次：高层建筑的底部功能形态与场地整合设计；场地周边环境与高层建筑主体的关系分析；高层建筑设计与场所精神内涵的呼应。

4.2.3.1　高层建筑的底部功能形态与场地整合设计

高层建筑因为使用人数多，建筑高度超过常规尺度，所以场地承载的功能类型比多层建筑要复杂得多，除了人流疏散、广场、交通、绿化、入口引导等功能外，它还作为一个由室外进入高层的心理的缓冲区，需要对人的心理需求做出呼应。同时高层建筑的地下室多设有车库和设备用房，这样车库入口和环境地势的结合就更加值得推敲。因此研究高层建筑的底部功能形态与环境的关系至关重要。

第一，交通功能。交通功能是高层建筑设计最不可缺少的一项功能，交通组织主要包括人流组织和车流组织两大部分，这两大部分都对高层建筑本体存在着多方向性的问题。对于车流，包括客人的出入车流、卸货的出入车流的不同要求。人流主要有沿城市主要街区的主导人流和其他次要道路或者高层建筑内部交通组织的次要人流，这些人流基本上都是双向或者多向的。它包括车辆的人车分流、货运组织与城市交通（图4-10）的联系等，从环境设计的角度将车行、货运、停车等空间与人流完全分开是最佳的处理方式，尽管这样做有可

图4-10　高层建筑与城市交通的衔接

能将停车场放置在离高层建筑较远的地方或者地下车库，使停车距离加大。此外，在设计中，可以考虑采用下沉广场、空中步道、架空天桥、高架广场等多种手法组织人流。这样就能保证出入高层的人群有一个完整的交通空间，也保证了城市人行空间的完整。

第二，绿化功能。绿化在高层建筑的场地设计中扮演着重要的角色，它能

图 4-11　高层建筑的场地绿化

增加高层建筑的亲和力（图 4-11），使高层建筑的场地环境更人性化，使室内外的过渡更加自然，同时减轻高层建筑给人们带来的不安全感。因此合适的绿地和植物点缀不仅在景观上起到美化作用，更给人们营造了良好的心理环境。我国高层建筑的绿化率普遍很低，绿化程度的不够直接影响到了城市生态环境，而我国城市规划对高层建筑在绿化率上并没有严格的要求，这样使得许多开发商为了追求更多的停车面积或者裙房面积就把绿化面积从中挤出，对整个城市生态环境造成恶劣的影响。一般在高层建筑的绿化处理上分为如下几种：景观绿化、疏散用广场草坪、立体的空间绿化。景观绿化大多结合场地的地形地势和景观设计师的设计构思而定，并根据建筑的底部的空间氛围和建筑立面的材质来选择植物的类型，或者结合地下车库入口及停车场的设置形成功能型的绿化，同时可以考虑在竖向做一些绿化，满足生态要求的同时，也使绿化成为丰富立面的手段；但是在做竖向绿化时要选择好植物的类型，兼顾植物的四季形态和气候的影响。

第三，广场功能。高层建筑由于其体量的巨大，往往给街道空间一种突然的压迫感，使人感觉好像从一个大空间突然进入一个小空间，这是由于高层建筑的体量所造成的对比。因此凡是处在街道两旁体量巨大的高层建筑在设计时应该对其进行后退处理，并在其退出的用地上设计一个广场空间，这个广场空间将起到空间的缓冲作用；而且由于高层建筑的建筑面积远远超出其用地面积，容纳的人员较多，出入口人流密度相对较大，后退出的广场空间也起到缓解交通压力的作用；从另外一方面讲，广场空间往往在街道空间以及城市空间中起着非常重要的作用，能够给公众留下较深的印象，也往往能成为城市的节点，这就是共享空间的好处。

4.2.3.2　场地周边环境与高层建筑主体的关系分析

高层建筑对它所在的城市周边环境具有重要的影响，仅以它绝对的规模和人口总量，就对城市街区的集中化、街上的行人以及街景本身都具有明显的重要性。

　　第一，高层建筑的体量和尺度的确定。根据规划确定高层建筑的体量尺度和设计的具体层次。

　　第二，高层建筑底部空间与环境的对话。高层建筑物必须形成与周围建筑物的联系以加强城市结构，并促进在其底部的城市生活。在设计中可以通过如下一些措施来解决高层建筑近地空间与城市环境之间的脱节：首先，与城市交通体系的结合。其次，将城市区域环境加以整合。比如北京长安街上西单文化广场，作为城市开放空间和一个城市节点，通过对已建城市硬质景观的修补，完成了对现状建筑的呼应、烘托、对话功能。广场对机动车、公交车、自行车、地铁站、TAXI站、步行系统通过地上、地下空间的建成，起到对城市各种交通的接驳和系统化的作用；广场最大限度地"缝合"了被机动车交通割裂的地面城市空间，从而提高了步行交通的质量，也保障了机动车道路的高效。

　　第三，对原有场所的生活模式和环境品质的影响。必须保证新的建筑不会危及地方的环境品质，原有的街道生活模式和亚文化群、原有的市景和风景。高层建筑要考虑使用者的需要，以城市的公众利益为追求的目标。我们必须在高层建筑和城市的发展中取得平衡，才能创造出更好的城市景观和适合人们生活的环境，才能沿着可持续发展的道路健康地发展下去。

4.2.3.3　高层建筑设计与场所精神内涵的呼应

　　绝大多数场所都拥有一种特定的整体氛围，这种氛围不仅来源于构成场地要素的各种实体，也来自于场所的历史和使用者，在设计中对场所记忆的尊重与融合是高层设计中必须考虑的问题。

　　在具体的设计中，对场所记忆的阐述手法很多，通常是在高层建筑的底部空间和场地设计中体现。这些手法往往与场地的人文历史和使用者的记忆相关联，形成一种回忆空间。日本横滨地标塔大厦（图4-12）是横滨市的地标性超高层建筑，在其近地空间设计中保留了一处1896年建成的旧横滨第2号船坞（长100m、宽10～30m、深10m）。设计者将其巧妙利用，设计成颇具特色的室外环境，让人们在其中休憩之余，追忆横滨的历史（横滨曾是日本第一大造船业基地和著名的港口城市），畅想横滨的未来，成为唤起市民"集体记忆"的场所。

　　高层建筑场所精神的塑造与城市自然环境和人文环境的关系密不可分，近地空间设计与城市设计的同步协调也是大势所趋。成功的设计可以将城市的各项功能联成一体，为近地空间的主体——使用者创造一个舒适、便利、宜人的

图 4-12　日本横滨地标塔大厦

环境，使城市成为一个富有效率和情感的有机整体，设计者应将目光从单体建筑的狭小范围转向更高层次的地域环境整体，将社会整体作为最高的业主，承担起义不容辞的社会责任。

4.3
内部环境的人性化与生态化的技术创新对策

　　现代高层建筑是工业化的成果，在相当长的一个历史阶段，工业化和人性化是对立占优势的统一体。当今世界性的话题是人权和人性，相应所带来的建筑课题就是如何适应这样的趋势。

　　信息化社会的发展趋势使得高层建筑有了以最新技术为依托的可能性。在可行性传统技术延续的基础上，计算机的发展带来了建筑智能化与建筑设计并行发展的可能，本节试图论述在满足人性化要求的基础上和对过往技术运用的同时，探讨高层建筑对技术发展与技术创新的依赖性。

本书重点探讨的内容是高层建筑空间竖向发展的特点，如何利用技术创新成果，打破高层建筑带来的空间结构的封闭和单调，将内部空间形成整体、和谐的生态型空间环境；同时将一般性建筑中的生态设计手段融入高层建筑设计之中，利用高层建筑所独有的优势，突出高层建筑内部环境生态化的个性特征。

4.3.1 高空化的共享空间

高层建筑内部空间的竖向延续最能体现高层建筑内部空间构成特色，技术的创新体现在运用合理的技术手段完成对功能合理的布置之外，使其更具有空间在性质上的多样性。

本小节的核心内容如下：高层建筑内部空间形态由传统的封闭、均质的空间向流动、多维的空间发展是人性化需求的必然结果。高层建筑共享空间由早期的地面化、单一形式向高空化、多元形式发展也是人性化需求的必然结果，同时更是未来发展的必然趋势。随着技术手段的不断完善，高空化的共享空间会得到更进一步的发展（表 4-5）。

表 4-5　高层建筑内部空间结构的变化模型

	传统的空间形态	现代的空间形态
设计理念	追求简单直接	追求空间的流动、渗透与趣味性
设计标准	经济、合理、理性	在经济、合理、理性的基础上，增加人性化元素
空间特点	封闭、均质	流通性、开放性、公共性
空间感受	单调乏味、整齐划一，使人感觉到紧张和压抑	空间充满动感与活力，人感觉亲切、舒适
空间结构示意	竖向联系筒(交通、设备)　平面堆栈(使用空间)	水平内外空间渗透(阳光、空气、景观)　竖向空间渗透(立体城市、景观共享)　地下空间(城市交通、功能拓展)

导致这种变化的根本原因：①建筑服务于人，而人是生物体，天生有亲近自然的需求，这是人性化需求的必然结果。②技术手段的不断完善，使得这种空间上的变化发展没有技术上的实现障碍，技术成为有力的物质保证

建筑是构成自然界系统中的附属部分。建筑服务于人，而人是生物体，从生物学角度来说，人类有天生亲近自然的需求。从表4-5的分析可以看出：高层建筑内部也应强调根据不同功能性质塑造出不同的空间以及内外空间的渗透，这样有利于自然环境与建筑空间的融合，提高空间质量，满足人们多方面的精神需求和行为需求。传统的高层建筑由于技术的制约多是竖向的空间堆积，空间缺少连贯性，形成的是重复、机械的分层，体验到的是单调乏味、整齐划一的内部空间形态。现代建筑设计理念更加强调空间的流动与渗透。高层建筑如要顺应这种趋势创造出更加丰富的空间形态，技术创新成为这种变化的有力物质支撑。

自20世纪70年代开始，共享空间设计普遍在高层建筑中运用。它由多层楼面围合形成，高度可达十余层，形式多样灵活。共享空间是具有室外特征的内部空间，自然光线、绿化等室外环境要素的引入使内部空间充满动感与活力，强调了内部空间的流通性、开放性、公共性的特点。

发展到今天的高层建筑，城市街道-高层建筑底层空间-高层建筑共享空间-高层建筑顶部空间形成了一个完整的三维空间体系，弥补了高层建筑功能单一、容易产生消极空间的弊端。同时，因为空间的立体化，顺理成章地可以将地面绿化景观和城市生活引入高层建筑之中，使得内外空间相互渗透、有机联系。关于立体化的竖向景观将在下一小节中详细分析。

杨经文博士设计的新加坡的EDITT TOWER大厦体现了空间立体化的特征。目前该建筑要求作为展览建筑，其自然的设计形式在将来可转化为办公和公寓。1～3层的坡道结构将城市人流引入室内，形成连续的公共空间，直到12层三维形式均清晰可见。步行坡道自北向南交替变化，这样，大楼内通过步行就可以上下贯通。"在创造垂直空间的过程中，我们将街道生活通过景观坡道自地面引入上层，坡道边百货摊、商店、咖啡馆、表演场地、观景平台等，直至六层。坡道将缺少公共空间的地方与公共空间相联系，成为街道的垂直延展，去除原有高层中固有的分层问题。空中天桥连接相邻建筑，加强了城市的连贯性。"

荷兰Brabant中心图书馆设计中，MVRDV的方案是一个圆柱体高层，根据当地高密度环境的苛刻要求，底部结构跨越一条铁路，尽可能地节约占地面积（图4-13）。主体内部是由连续的环行坡道构成阅览空间，中心是贯通的共享中庭。这种类似赖特设计的古根海姆博物馆的空间形态，强调了"无障碍接触最大量信息"的功能。其竖向连续空间的设计，打破了传统图书馆人为对各种信息资料进行分类，让阅览者有机会"偶然地接触到"新的知识，从而在空间组织上发挥图书馆最大的功能。这实际上是利用垂直空间延展了平面空间的功能。

共享空间高空化的典型手法就是将中庭设在高处，使内部空间贯通或间隔数层设置，这样可以灵活地将功能需求与空间塑造相结合，同时有效地控制共享空间的尺度。如上海金茂大厦的53～87层为五星级宾馆，内部设置上下贯通的中庭（图4-14）；深圳对外贸易中心主楼，隔三层中间两层楼板开口，形成一个中庭；伦敦的 Bishopsgate Tower 则在8～28层间形成三个异形的"空腔"。

图 4-13　荷兰 Brabant 中心图书馆 MVRDV 设计方案　　图 4-14　上海金茂大厦中庭

4.3.2　立体化的竖向景观

技术的不断更新使得建筑内部形体的丰富变化具有了无限的可塑性，建筑本身就具有了影响人们行为和心理变化的基础，这是由结构技术和建造技术的提升带来的。灵活地运用技术发展成果和跟踪这种发展趋势是建筑师设计灵感的源泉之一，加上充分地利用各种技术成果（如种植技术）就会改善建筑的景观环境。

高层建筑空间的竖向立体化发展和共享空间的高空化发展为景观的立体变化提供了可能，本小节的核心问题就是探讨如何利用技术手段实现立体化的竖向景观，要点如下：

① 绿色植物的引入，达到室内空间室外化的效果；植物不仅具有景观效应，更重要的是具有生态效应。

② 现代技术与传统栽植方式相结合，为高空中的绿化提供水分与肥料，可以完成竖向植被生态链的形成，体现整体的生态效应，彻底告别以往高层建筑的分层绿化只能达到的盆景式效果。

室内的自然景观设计，主要靠绿色植物的引入，达到室内空间室外化的效果。立体的景观空间充分体现了高层建筑的空间特点，同时能够容纳多种公共活动，为使用者提供多种体验和选择，使得原本单调封闭的内部空间产生艺术般的精神享受。植物不仅具有景观效应，更重要的是具有生态效应，形成良好的局部生态化环境。

表 4-6　高层建筑中人的常见症状及原因

人的常见症状	导致症状的原因	
以下症状称为"建筑综合症"(SBS)，它被世界卫生组织所承认；眼睛、鼻子、喉咙和皮肤有刺激与干燥的感觉；呼吸困难；头痛、恶心；精神疲惫；皮疹；肌肉酸痛；等	物理学上	包括：温度与湿度不适；不通风；负离子不足；自然采光不足；噪声及电磁辐射
	化学上	包括：烟雾；家具中的甲醛；建材中的氡；打印机和高压电源中的臭氧气体
	生物学上	包括：空气中的细菌与霉菌；地毯、植物中的微生物

从表 4-6 可以看出，经常在高层建筑内生活与工作，会产生很多不利于健康的症状，在高层建筑中科学合理地设置立体化的绿色景观，不仅起到美化环境的作用，而且对人体健康具有极大影响。植物叶子表面粗糙不平，多绒毛，分泌黏性油脂或汁液，能吸附空气中大量的灰尘及飘尘。植物能吸收二氧化碳，放出氧气。有的植物兼能吸收二氧化硫等多种有毒气体。植物的蒸腾作用能调节湿度和温度。植物还能够起到减弱噪声、杀死细菌、监测环境等作用。

许多建筑都在这一方面进行了妥善的设计，这里举两个具有代表性的案例：法兰克福商业银行大楼和韩国三星大厦。

诺曼·福斯特设计的法兰克福商业银行大楼，平面呈三角形，犹如三片"花瓣"围绕着一个主干"花茎"。花瓣外边长约 60m，其中每个办公室都能享受自然的通风与采光。四层高的空中花园沿着建筑的三边交错排列，使得每一楼层都有绿色的视野。

Adrian Smith 设计的韩国三星大厦，在高空开设四个空中庭园，种植植物，将观景、通风、发电、减少结构负荷等作用综合于一体，具有很强的生态敏感性，有效地减少浪费，最大限度地发挥设备效能（图4-15）。

现代科学研究证明，高层建筑竖向绿化的关键在于如何保证连续性。只有连续的土壤才能保证养分的供应，只有足够的生存空间才能维持物种的多样性，这是生态学的基本原理之一。以往高层建筑的分层绿化只能达到盆景式的效果，而不能体现整体的生态效应。现在，现代技术与传统栽植方式相结合，为高空中的绿化提供水分与肥料，可以促使竖向植被生态链的形成。

一般情况下，室内种植花草和比较矮小的树木，在建筑结构上是完全可行的。普通草本植物的土壤深度在200mm左右，灌木及矮小树木的土壤深度在 600～1000mm 左右。建筑内部的种植土与自然环境不同，是人工土层，即使能够与自然土壤直接联

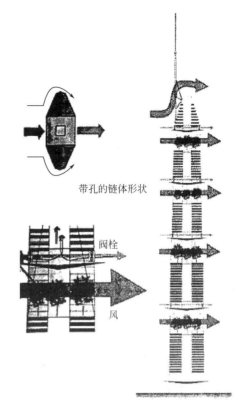

带孔的链体形状

阀栓

风

图 4-15　三星大厦生态设计示意图

系吸收营养，它所处的环境也与自然环境有很大区别。人工土层由于受到厚度的限制，有效土壤水分容量小，受外界气温变化影响大，使得土壤微生物的活动易受影响，腐殖质形成速度缓慢。因此，建筑内人工土层的土壤选择很重要，特别是屋顶花园，要选择保水和保肥能力强的土壤，同时应施用腐熟的肥料。为了减轻荷载，选用的土壤要轻，需要将各种多孔轻材料混合，如混合蛭石、珍珠岩、煤灰渣、灿沙砾、泥炭等，同时选用的植物体量与重量都要轻。（注：本段数据资料参考网络资料汇编而成。）

下面提到的几个案例，都各自运用技术手段，在立体化的景观设计上进行了有益的尝试，如 IBM 大楼、NARA HYPER TOWER 大厦、Menara Mesin-iaga 大楼和东京六本木山高层综合体。

IBM 大楼采用连续的台阶状绿化，使得草本植物与藤本植物混合栽培，在土壤不能够连续的情况下，通过植物的联系形成绿带。

现代化的智能机械设备可以精密地控制植物在高空中的生存环境。NARA HYPER TOWER 大厦，设计有竖向景观装饰的螺旋平台结构，环绕并渗透在垂直空间之中。为了维持垂直景观叠层系统，设计中引入如同"樱桃夹"（cherry-picker）的在格架上可移动的创造性机器臂（robot-arm），这种设备在塔楼外部旋转上升，可以为连续旋转生长的绿化体系提供营养供给。这种结构系统非常特殊，由一个等边三角形限定了三重细胞状蜂巢框架结构，与环状的机器轨道系统相连接固定。这种模式为放射/螺旋的有机楼板安置提供支撑体系，并成为立体绿化的平台（图 4-16）。

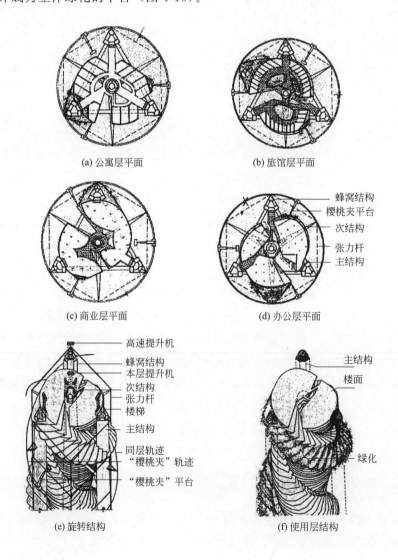

(a) 公寓层平面

(b) 旅馆层平面

(c) 商业层平面

(d) 办公层平面
蜂窝结构
樱桃夹平台
次结构
张力杆
主结构

(e) 旋转结构
高速提升机
蜂窝结构
本层提升机
次结构
张力杆
楼梯
主结构
同层轨迹
"樱桃夹"轨迹
"樱桃夹"平台

(f) 使用层结构
主结构
楼面
绿化

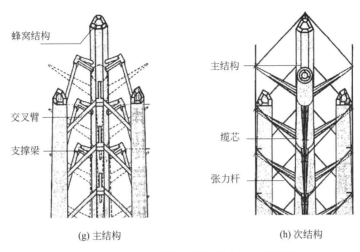

(g) 主结构　　　　　　　　　　　(h) 次结构

图 4-16　NARA HYPER TOWER 大厦结构平面图

Menara Mesiniaga 大楼，立面设计插入凹进的平台空间和向室内开敞的空中庭园，绿化从地面螺旋上升至顶部，产生了不同以往的高层外观，并形成了连续的生态链。这样有助于植物的多样化和维持生态环境的稳定。不同层面上植物的配置都有相对应的区域形成，独立的气候微环境，可以辅助降温。

东京六本木山高层综合体的空中花园（图 4-17），采用减振、蓄水、防水、保养、人造土壤等技术手段，实现了屋面种植树木、花卉以及水稻等农作物，不仅具有良好的生态、景观效果，而且可以在都市中向青少年宣传丰富的水稻文化。其屋顶绿化所使用的土壤，除了满足轻质化以外，还要求具有解决"及时排水和不干燥保水"这一矛盾的功能。土壤中加入 10% 的再生"环保炭"和 5% 的土壤活力肥料。这种称为"碧霸土"的人工土壤通过了皮肤刺激和口毒测试等安全实验。为了栽植高大的榉树，需要解决荷载和抗风能力，此景观使用了具有千斤顶作用的"力支柱"，并在与树干结合处使用分解性的"环保带"，防止树干遭受腐蚀。同时在下层设置供氧的"DO"管。为了实施方便节约的洒水管理，安装了可控方向、能依靠压力调整而大面积浇灌的点滴式自动洒水设备。

4.3.3　垂直化的自然通风

建筑物理学的发展使建筑师理性地认识到了建筑空间对自然界某些资源的可控性，特别是智能技术的发展使得这种资源得到了更加有效的利用。

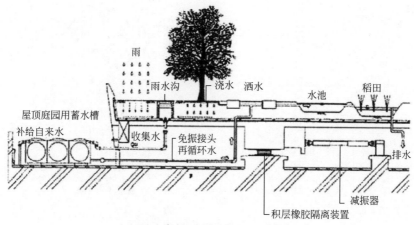

雨
雨水沟 浇水 洒水 水池 稻田
屋顶庭园用蓄水槽
补给自来水 收集水 免振接头 再循环水 排水
减振器
积层橡胶隔离装置

(a) 六本木山庄屋顶庭园系统灌溉图

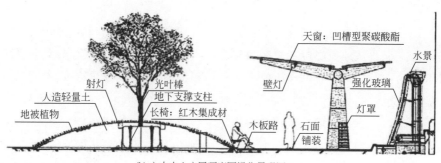

天窗: 凹槽型聚碳酸酯 水景
射灯 光叶棒 壁灯 强化玻璃
人造轻量土 地下支撑支柱 灯罩
地被植物 长椅: 红木集成材 木板路 石面
铺装

(b) 六本木山庄屋顶庭园绿化景观图

图 4-17　东京六本木山高层综合体的空中花园平面布置图

　　空间的竖向组织有利于内部空间的垂直通风，本小节的核心内容就是要阐明在高层建筑设计中，如何利用技术手段来有效地引导、控制自然气流的通风效力，有效地改善高层建筑的内部环境。

　　参照前辈学者关于自然通风原理的研究成果，加之笔者所认同的观点，有必要简要地从建筑物理学的角度作一介绍。自然通风的最基本动力是风压与热压。自然风垂直吹向高层建筑时，会在底部产生正压，而在顶部产生负压，上下的压力差形成了垂直的风道效应。热压原理在于，热空气上升，从建筑顶部风口排出，而新鲜的冷空气从底部吸入，室内外温差越大，建筑高度越大，热压形成的"烟囱效应"就越明显。

　　"烟囱效应"可以由图 4-18 来阐释：浮力 $P_t = H(r_o - r_i)$，其中 H 为烟囱高，m；r_o、r_i 为周围空气及烟囱内空气比重，kg/m^2。

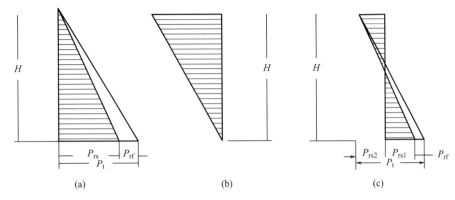

图 4-18　烟囱效应浮力分布图

图 4-18(a) 所示，烟囱内部温度较周围气温高时，囱壁产生压力差，顶部为 0，而下部的浮力 P_t 是 P_{rf} 与 P_{rs} 相加，P_{rf} 是因摩擦力而产生的压力损失，P_{rs} 为烟囱内的速度压与由形状抵抗产生压力损失的消耗。

图 4-18(b) 所示情况为烟囱顶部封闭，底部打开时的情形。

图 4-18(c) 所示在 $H/2$ 处压力差为 0（即中性带）。P_{rs1}、P_{rs2} 为底部烟囱入口及顶部烟囱出口的损耗。如果顶部开口大于底部开口时，中性带在比 $H/2$ 高的位置；反之，则在比 $H/2$ 低的位置。

经实验表明，高层建筑的浮力差有 80％ 为外壁作用，其余是由内墙、电梯、管道井等缝隙而产生的。若开口缝隙在整体建筑中分布均匀，中性带在 $H/2$ 高的位置。通常底层出入口处约占压力差的 40％，这也会带来副作用。比如 1.8m² 大小的门，超过 147Pa 的压力差，则常人的力气很难推开。如果要减轻入口压力差，可以采用设置前厅、两重门、转门等手段。因此，采用“烟囱效应”进行自然通风的高层建筑，需要将底层进行开放式设计。这就在使用上有一定的局限性。

同样，建筑高度如果过高的话，反而会产生过强的气流，造成不利的影响。因而有些高层的内部中庭，采用逐段分隔的办法，进行人工调节、控制；或者利用换气装置进行加压与减压。由于自然垂直气流来源于压力差所产生的浮力，因此在不同位置进行人工气压干涉，可以增强或减弱浮力影响，从而有效地引导自然气流的通风效力。

诺曼·福斯特设计的法兰克福商业银行大楼，主干是一个巨大的中庭，通过拔风效应形成自然的通风道，并在侧面通过平台开口，形成分段的水平及竖向通风（图 4-19）。

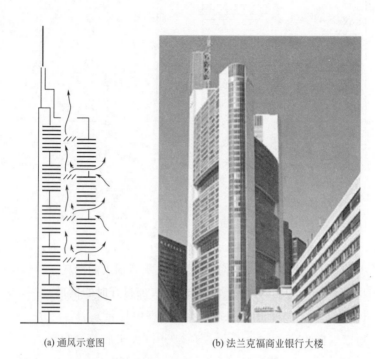

(a) 通风示意图　　　　　　　(b) 法兰克福商业银行大楼

图 4-19　德国法兰克福商业银行大楼通风设计

　　杨经文设计的上海兵器大厦方案，采用中庭与空中花园相结合的立体通风模式。考虑到一年四季不同情况下的通风与节能需求，在不同位置的风口进行开闭组合，提高竖向与水平气流的通风效率。既可以形成贯穿整体的"烟囱效应"，又针对局部情况决定微观通风模式（图 4-20）。冬季白天，新鲜空气经过太阳辐射产生温室效应进行预热，通过机械送风系统强制流通。将新风量控制在较低水平，并且在局部单元内循环，减少能量损失。夜间单元封闭，将热量保留在室内。春秋季则采用自然通风辅助机械通风的混合模式。空中花园对外敞开，形成穿堂风。各层楼面则对内庭开放。顶部风口开放，形成新鲜冷空气自上而下的环流通道。夜间室内空气充分与外界交换，自然降温后关闭门窗。夏季高温时，利用夜间充分自然通风，冷却建筑室温。白天将门窗关闭，在空调辅助的情况下，将新鲜冷气自上部引入强制循环。中庭的拔风效应可以将加热的空气从顶部封口排出。

　　在实际工程中，往往都是各种生态概念的综合运用，生态的概念不仅是物

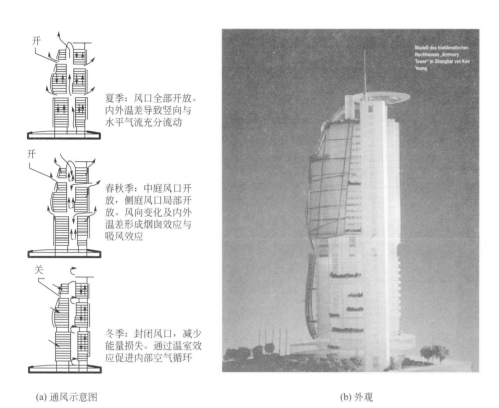

夏季：风口全部开放。内外温差导致竖向与水平气流充分流动

春秋季：中庭风口开放，侧庭风口局部开放。风向变化及内外温差形成烟囱效应与吸风效应

冬季：封闭风口，减少能量损失。通过温室效应促进内部空气循环

(a) 通风示意图　　　　　　　　　　　　　　　(b) 外观

图 4-20　上海兵器大厦方案的通风设计

理指标的优化，更是对人心理感受、行为模式、社会文化、审美意识等抽象因素的全面提升，这些都是建筑师在从事高层建筑创作过程中所必须要考虑的问题。

4.3.4　智能化的表皮设计

高层建筑的表皮设计，其创新思路来源于生物学上的概念，表 4-7 就是人类皮肤的主要功能。高层建筑的外表皮设计正是参照生物体的基本功能，形成多功能载体，具有：空气的交流——呼吸作用、防寒保暖——缓冲层作用以及利用太阳能、风能等可再生资源的作用，本小节就是从上述几个方面展开论述，核心内容是如何利用技术优势，将上述外表皮的多种功能进行综合优化处理。

表 4-7　人体皮肤的主要功能

人体皮肤	
保护功能	① 皮肤具有一定的抗拉性和弹性。 ② 当受外力摩擦或牵拉后,仍能保持完整,并在外力去除后恢复原状。 ③ 皮肤可以防止一定量电流对人体的伤害。 ④ 皮肤能反射和吸收部分紫外线,阻止其射入体内伤害内部组织。 ⑤ 皮肤能阻止细菌、真菌侵入,并有抑菌、杀菌作用
感觉功能	皮肤内丰富的感觉神经末梢,可感受外界的各种刺激,产生各种不同的感觉,如触觉、痛觉、压力觉、热觉、冷觉等
调节体温	根据外界气温开放或收缩毛细血管,调节体温
分泌与排泄	分泌汗液,通过出汗排泄体内代谢产生的废物,如尿酸、尿素等
吸收功能	皮肤能有选择地吸收外界的营养物质
新陈代谢	皮肤细胞有分裂繁殖、更新代谢的能力;还参与全身的代谢活动

4.3.4.1　呼吸作用

　　建筑上的呼吸作用指的是建筑内外物质交换更新的过程。传统的高层建筑采用全封闭的围护结构,抵御外界的恶劣气候。但是这样会造成室内空气的滞留,引起各种疾病。如果直接对外开窗,又会被高空强风袭扰。因此,高层建筑的内外空气流动应当精心设计,将其控制在令人舒适的范围内。"呼吸式"双层幕墙围护结构应运而生（图 4-21）。"呼吸式"双层幕墙是在传统幕墙外增

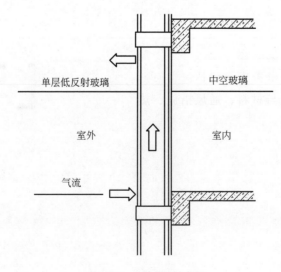

图 4-21　双层幕墙节点图

加一层玻璃幕墙，通过适时调节幕墙设备开关使双层幕墙中间进入或溢出空气，开窗后房间自然通风，幕墙中间的遮阳板可减少气候的影响。双层幕墙最大的特点是有通风换气、环保、节能的功能，比传统幕墙节能达 30％以上，隔热、隔音效果非常明显。自由呼吸的双层幕墙实际上是通过 6 个方面增加室内环境的舒适度的：①夏天夜晚开窗散热成为可能，有效地减少空调的使用；②恶劣天气不影响开窗换气；③遮阳百叶置于中间层，有效防止日晒，不影响立面效果，不妨碍开窗；④不需镀膜玻璃，用自然光实现照明；⑤双层滤过阳光，避免直射，无眩光困扰；⑥双层玻璃及中间空气层有效阻隔室外噪声，临街建筑室内依然安静。

高层建筑的"表皮呼吸"也可以采用人为控制下的水平对流方式。英国伦敦的 Bishopsgate 大厦，在架空地板下设置风机调节装置，通过表面帷幕的开口端引入新风，使得新鲜空气自地板开孔处向上输送。这样外部的不稳定气流不会影响到内部空间，同时也保证了新鲜空气的补充。

4.3.4.2　缓冲层作用

建筑通过外表面获得太阳热能，也失去内部的热能。外表面是内外空间的过渡界面，具有阻隔热量流动的缓冲作用。在冬季建筑希望获得充足的阳光，而在夏季则需要阻挡直接的太阳辐射。因此外表皮主要起到节能和调节舒适的作用，也就是防热与保温的功能。

防热的基本原则有：减轻太阳的直接辐射与间接辐射；强化自然通风。建筑防热是一项系统工程，应当将以下各方面因素综合起来考虑，包括：朝向选择、外围护构造与材料、通风措施、热能转化等（图 4-22）。

保温的基本原则有：充分利用太阳能；防止冷风的不利影响；选择合理的建筑体形与平面形式。

技术手段上可分为被动方式与主动方式。

被动方式主要有改善围护材料隔热

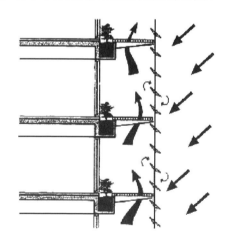

冬季，封闭的"缓冲层"由于日照产生温室效应，提升室内温度；夏季，开敞的"缓冲层"配合百叶，既遮挡了阳光直射，又产生凉爽的上升气流

图 4-22　"缓冲层"概念图

反光性能、被动遮阳、被动采暖等。

高层建筑的外立面设计中，玻璃的运用十分普遍。而在门窗、墙体、屋面、地面四大围护部件中，尤以门窗的绝热性能最差，约占建筑部件总能耗的 40%～50%，是影响室内热环境质量和建筑节能的主要因素之一。改善外窗的保温隔热性能的主要途径是提高窗的热阻，比如采用双层或多层玻璃、中空玻璃、镀膜玻璃、低辐射玻璃、吸热玻璃等。

但是这些条件并非在任何时候都是优点。冬季需要考虑的是减少热量的损失，更多地获得阳光。而夏季正好相反，需要避免阳光直射。离地面较远可获得较大的风力，但是过强的气流让人不适，况且冬季的寒风是需要被阻挡的。良好的视野需要透明的外墙，而过多的玻璃外墙对于保温、隔热不利，尤其针对不同气候条件的设计策略往往不同，甚至相反。

运用设计手段是最基本的、也是设计师最需考虑的办法。与立面整体结合考虑的遮阳处理包括挑檐、遮阳膜、百叶等。Helmut Jahn、W. Sobek、M. Schuler 设计的德国法兰克福 MAX 大厦，采用双层幕墙与不锈钢百叶系统，可以阻挡 62% 的太阳辐射，透光率达 75%，能够减少 50% 的能量损失；并且可以在 60 层顶部安全地开启窗扇，对光、风、雨、声等起到调节作用。

Thomas Herzog Partner 设计的德国博览会公司办公大楼，通过开发双层立面系统，解决了自然通风、采光、空调节能和结构对使用空间的影响问题。设计手法包括：外立面玻璃幕墙对高层高速气流的屏蔽；内侧推拉窗与百叶组合，形成冷热气流的缓冲，并能够吸收新鲜空气；结构柱设在缓冲层内，各种配套设施集中在竖向管线中，使得室内空间利用效率增大。

4.3.4.3　太阳能利用

能源利用的核心是提高能源效率。建筑物的能源输入主要靠市政公用系统提供。这需要大量的设备投入，预留管线接口，建设配套用房。高层建筑的能源消耗是城市能源供应系统的重要负担。人类的能源使用是单向的、纯消费型的。应当从能源的供应而不是需求这方面，来考虑全球的能源使用问题，通过更好的设计来改善建筑的能源消费性能。

高层建筑对再生能源的利用可以通过几个渠道，一部分是太阳能和风能，另一部分是地热能，太阳能恰是通过外表皮作为介质。对于地球而言，太阳是个取之不尽、用之不竭的能量源泉，其投向地球表面的辐射能约为 $1.4 \times 10^3 \mathrm{J/s}$。太阳能具有清洁干净、消毒杀菌、干燥、照明等多项功能。

高层建筑具有大面积外表面而且有足够的高度，可以避免日照遮挡同时有较充沛的风力资源，因而高层建筑拥有优越的条件为自身提供辅助能源（图4-23）。

"智能"光电幕墙集发电、隔音、隔热装饰功能于一体，采用光电池、光电板技术，将太阳能转换为人们利用的电能，无废气、无噪声、不污染环境。光电幕墙的光电效应是利用太阳能使被照射的电解液或半导体材料产生电压。$1m^2$的单晶硅太阳能光电池模板每年可控电100kW，可省油25L或节煤30kg，同时少排放57kg二氧化碳、71g二氧化硫等，环保效果显著。

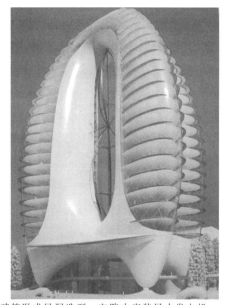

建筑形成风洞造型，空隙内安装风力发电机，外墙配置太阳能光电板

图4-23　ZED办公大楼

4.3.4.4　集成立面

集成立面（integrated facade）设计是将立面中具有的各种功能元素互相分离再重新组合，而不同于传统建筑中外表皮的复合功能。德国建筑工业养老基金会办公楼（SOKA-BAU，Thomas Herzog），其采光与视野是通过落地玻璃来保证；通风功能由专门的通风口控制，并可以进行温度调节；立面上安装了日光反射板，可将自然光引入室内深处，反射板下部配有自动感应的人工照明装置，需要时可以打开补充照明。立面金属板在北侧是固定的，而在南侧则可以转动，根据室外天气状况选择闭合与开启。

新加坡 Editt Tower （T·R Hamah&Yeang）设计中，外立面的鳍状结构具有多功能综合作用。它可以引导正面的气流产生侧向压力，避免高层建筑过分地摇摆；它又可以改变自然通风的方向；同时它又是灵活的遮阳装置（图4-24）。

伦敦的 Bishopsgate 大楼，由 T.R Hamah&Yeang 设计，外立面具有吸收太阳能、收集雨水、遮阳等综合功能。光电板设置在朝阳面，与遮阳装置结合成整体。屋顶与结构转换层的位置设计了雨水接盘，由管道串联将雨水收集至地下储水箱内。

集成立面的概念实际上是把上述外表皮的多种功能进行综合优化处理，使

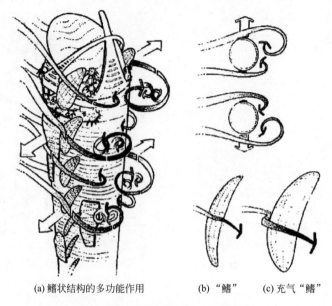

(a) 鳍状结构的多功能作用　　　(b) "鳍"　　(c) 充气"鳍"

图 4-24　新加坡 Editt Tower 通风设计

得高层建筑的外立面成为如同生物的皮肤一样，具有与外界进行物质、能量、信息交换功能的生态型"器官"。

4.4
本章小结

综上所述，高层建筑环境的更新与改善是依托建筑技术的更新与改善提升的，建筑技术的创新应用是建筑师建筑创新的源泉之一。对于建筑环境的创新而言更加具有了潜在的基础。

建筑师追求高层建筑的生态化-自然性及人性化-舒适性，这也是高层建筑技术创新的目标所在，这样的目标必然导致：首先在理论上关注技术对高层建筑的根本作用，反之，高层建筑环境的更新依赖于建筑技术的发展，特别是对前沿技术的运用与跟踪；其次是在手段上使所应用的技术最大化地发挥其效益。

信息化技术的出现给高层建筑技术提供了新的创新点，不断发现和利用新技术手段来达到其目的永远是高层建筑环境技术创新的新课题。

05

高层建筑形式设计
中的技术创新

高层建筑的形式创作属于建筑形态学问题，其核心包括建筑本身的形态问题以及单体建筑形态对城市形态的影响与作用。高层建筑形式设计的技术创新就是要研究现代建筑技术带来的高层建筑形态学的更新。

5.1
形式范畴创新目标

笔者认为，在高层建筑的形式设计过程中，其目标就是创造高层建筑形式上的外在美和内在美，建筑师应不断利用最新技术手段来实现它。外在美主要是指塑造独具个性的高层建筑形象，而内在美则是只通过高层建筑的塑造，来表达深刻的内涵，如文化内涵、技术内涵、地域内涵、城市内涵等。

高层建筑在城市中往往处于一种控制性地位。通过建筑形态的塑造，高层建筑在反映本身的功能和形式的同时为城市提供标志并增强人们在城市中的方位感。形象和高度上的标志性与注目性往往使其成为城市的象征，如香港中银大厦（见图 5-1）已经成为香港的标志[82]，看到信兴广场（深圳地王大厦，见图 5-2）就会想到中国的深圳[83]。

图 5-1　香港中银大厦

图 5-2　深圳地王大厦

高层建筑的形式创造受到诸多因素的限制：如投资额的大小、层数的高低、面积、功能、基地条件、环境等，因此高层建筑形式创作是一个复杂综合的过程，设计必须是基于多条件的综合匹配，同时要做到建筑设计与技术的完美结合。

5.1.1　外在美：展示个性形态

高层建筑的实体形态与其空间都呈现出三向量的性质，形式设计就是三维空间的立体造型。对于高层建筑这种在技术基础上发展起来的特殊建筑类型，其建筑形式比其他建筑类型更明显地表现出构成中的体块、线柱、面体等形态体积的构成法则，同时也最容易展示出独特的个性形象。而这种个性的追求，往往反映出从事设计的建筑师的美学修养、设计理念、思维方式等。在高层建筑形式设计中，往往通过基本形体、支撑结构、材料质感等方面的组合设计，来体现一种个性。在追求个性化的同时，还必须注意保持建筑的完整性和主从性。

5.1.1.1　整体和谐

高层建筑的造型往往并非是单一的简单集合体，而是由多体量组合而成的复杂形体或群体。其最终造型能否成为一个和谐统一的有机整体，是形成高层建筑造型秩序与美感的基础。

高层建筑由于体量高大，有一个近中远的距离问题。近处看细部，要考虑人的视觉特征，因此，要充分考虑主体的整体性、整体的式样、比例尺度、高宽比尺度、平面长宽比尺度。在造型上尽可能以少的建筑元素，表达出尽可能多的意义；从结构逻辑上，主体平面力求简单、规整、对称，竖向要规整简洁、不过分外挑，长宽高厚比要符合规范指数要求，综合上述因素共同形成一个完整的高层造型。

德国法兰克福托豪斯大厦（见图5-3）设计中，将一个玻璃体插入另一个混凝土体内，两种不同的材料在形成强烈对比的同时，也成功地表现了板块的美感，显示出强烈的几何特征。

加拿大多伦多市政厅（见图5-4）两幢弧形的曲面高层办公楼相对而立，营造了强烈的场所感，结合市政厅前广场，形成舒展的整体形象，给人深刻的印象。

5.1.1.2 主从明确

对于高层建筑造型中的各部分体量，在设计上应有主次、轻重之分，需要吸引人们视线的部位要着重强调，而弱化次要、过渡的部分。设计中应避免两种倾向：一是造型变化过多，没有重点且缺乏节奏和韵律，造成人们视线上的困惑；二是造型手法的单调、陈旧。

注意高层建筑布置对城市轮廓线的影响，因为在城市轮廓线的组织中，起最大作用的往往是高层建筑，因而它的布置应遵守有机统一的原则。高层建筑聚集在一起布置，可以形成城市的冠，但为避免其相互干扰，可以采用一系列不同的高度，或采用相仿的高度，但彼此之间要间距适当，有机构图。也可以把单个建筑布置在道路的转弯处，以丰富行人的视觉观赏。若高层建筑彼此之间没有关系，则不会产生令人满意的和谐整体的效果。

位于北京的中国国际贸易中心（见图 5-5）通过板块柱体两种体量的分离结合，增强了中心整体艺术形象的感染力。办公楼的竖向体量和酒店的横向体量形成对比的同时构成了建筑群体的整体框架。

纽约世界贸易中心高层建筑群（见图 5-6），是由多个方柱体建筑组合而成的，建筑之间利用裙房连接形成了散点的排列，很好地显示了群体的整体感和

图 5-3 德国法兰克福托豪斯大厦

图 5-4 加拿大多伦多市政厅

中心感。

图 5-5　中国国际贸易中心

图 5-6　纽约世界贸易中心高层建筑群

5.1.2　内在美：表达深刻内涵

如果说高层建筑的形体塑造，反映的是其自身的形体美，是一种外在的美，那么透过建筑形式所展现出来的文化内涵、生态内涵、地域内涵、政治内涵、城市内涵等，则是一种内在美的体现。高层建筑激动人心之处不仅仅在于外在形体美给人的直观视觉感受，还有很重要的一面就是那种"由内而外"所展示出的丰厚底蕴等动人心魄的内涵之美。高层建筑形式上的内涵美，往往更能打动我们，让人们在惊叹人类科技发达的同时，更能产生情感上的共鸣。在表达内涵时，要注意形成高层建筑的主题突出和形神合一。

5.1.2.1　主题突出

高层建筑形式设计，往往会集中表达某种深刻的内涵，有的建筑着重于文化传承，有的则着重于表达技术内涵，这就形成了明确的主题性。对高层建筑主题性的追求，一方面应对高层建筑的空间界面、空间体量、材料质地及色彩等造型形式要素进行处理，使之具有易于被理解和认知的构成规律；另一方面需要创造富有表现力的建筑轮廓，强化造型对象的边缘，使图与底的分界线清晰。

一个具有代表性的典型案例是上海外滩中心大楼（见图 5-7），该建筑是为了纪念外滩商业区的历史而建的，这里集中了 19 世纪末到 20 世纪初流行于世界的各种建筑样式，从古典主义的汇丰银行，到折衷主义的中国银行，从装饰派风格的沙逊大厦到近代摩天楼风格的上海大厦充斥其间。由政治、经济、技

123

图 5-7 上海外滩中心

术、民俗以及其他历史上偶然因素的沉淀而积聚成的主干文化，经过了东、西方文化的交融碰撞，经历了繁荣与停滞交替发展的过程。因此，该区域内高层建筑的设计应充分体现这种环境的意义，通过联系与对话达到环境的认同和文化内涵的体现。"外滩中心将现代理念与文化元素有机结合在一起，采用了莲花王冠造型象征生长与繁荣"[84]，与区内原有的建筑风貌的特征取得了呼应，从而完成了其主题性的深化。

另一个具有代表性的案例就是由SOM事务所设计的上海浦东金茂大厦。金茂大厦以其独特的设计概念唤起人们对中国传统建筑的联想以及区域文脉的体验。大厦以"塔"为基本设计原型，塔身88层，包含着"数"的变化逐级上涨，用强化透视的方法，增加了建筑的高度感，也突出了刚劲有力的优美轮廓[85]。SOM认为建筑本身是多元化的，必须坚持从使用出发、从环境和文脉出发考虑建筑设计，金茂大厦的设计正是基于对中国传统文化的思考和现代城市的特征以及整体的视觉联系性而做出的选择，从而形成其独具个性的主题性，传达出深厚的中国传统文化内涵。

5.1.2.2　形神合一

高层建筑形式设计中的合一性是指建筑形态与所要表达的主题要吻合贴切，具有"形神合一"的内在关联。

诺曼·福斯特设计的香港汇丰银行（见图 5-8）就是要表达一种现代高技术的机械美学，因此采用钢结构，强调结构节点的连接构造，外露的设备、管道、交通通道使整个建筑犹如一具运行的机器，它的所有关系全部暴露，能使人体会到建筑的生命，如同人体透明的经络，这种表现力既令人生畏，又令人着迷，同时与设计师想要传达的建筑理念和内涵做到了真正的"形神合一"，成为传世的建筑杰作[86]。

高层建筑设计中，建筑师都会力图创新并赋予建筑一定的文化内涵，尽管建筑设计带有建筑师很强的个人风格，但是也一定要关注到大众审美及观者的认知。很多优秀的高层建筑设计，既获得了专业人士的一致好评，也获得了大众的一致认可，这些建筑的主题阐释和建筑形式紧密结合在一起。但也有一些建筑，或由于尺度失当，或由于符号意味过于强烈，或由于设计过程中各方意见的不可控制，导致建筑建成之后引起较大争议。如沈阳方圆大厦（见图 5-9），相信建筑师是要阐释"天圆地方"的中国传统文化理念，这个设计理念是没有任何问题的，但落实到具体操作层面，在建筑语义的传达上、建筑方案的选择上还需设计方与投资方更加慎重地对待。

图 5-8　香港汇丰银行

图 5-9　沈阳方圆大厦

5.2
外在美的技术创新对策

5.2.1　简洁之美——基本几何形体的组合变化

高层建筑个性化的建筑形象常常是由基本几何形体加以组合变化而成的，几何形体加上构成的技巧，通过组合积聚、密集、分离、穿插、切割、加减、变形等可形成无数的整体形态。同时，每种形体都与具体条件、功能和空间相关联，按集合的规则决定设计的结构，使得自然科学的法则成为艺术表现的向导，赋予高层建筑个性化的简洁之美。

5.2.1.1 拼联积聚

拼联积聚是以相同的构成单元排列组合而成，形成韵律感和整体的感觉。日本横滨地区皇后广场（写字楼、音乐厅、酒店、商场），三个相似形体的并列为建筑增添了独特的韵律感。日本东京新宿公园大厦（见图 5-10）在设计上，则巧妙地将板式的平面，通过轮廓的变化，形成立面上看起来是三幢并置的塔楼，减弱了其横向的要素，使整个建筑显的竖向挺拔。平面上的整体化和造型上的拼接使建筑造型显的具备韵律且印象深刻。黑川纪章设计的日本中银大楼（见图 5-11）以每层 16 个单元空间组合，立面呈现凸凹有致的框景，以圆形的玻璃窗产生变化，是典型的拼联积聚手法的集成[88]。

图 5-10 日本东京新宿公园大厦

图 5-11 日本中银大楼

5.2.1.2 切割裁减

切割裁减通常是指从整体上切除，挖掉一部分或大部分，得出需要的形态。从造型意义上讲，从一个完整的形中切掉一部分，既保持原型基本特征、又产生减缺的变异性，造成缺损与完整的对比，增加形式的趣味并引起联想。

在高层建筑中运用这种手法，将高层建筑中的核心体量切割并移去局部单元，在保持体量整体形状的同时，可以使楼身通透生动。切削的方式多种多样，建筑体现为各种不同的形体变化。在板块体的建筑中，将某部分镂空，可以产生建筑空灵的感觉，并得到某种完形的启示。

日本大阪新梅田大厦（见图 5-12）在顶部将两栋楼用空中庭园连接起来，对高层大厦的抗震和抗风有重要的作用，形成独特的建筑景观，是一种创造都市形象的技术应用。上海证券大厦（见图 5-13）的形体也运用了类似的手法，形成了门式的框架体系构成[89]。

图 5-12　新梅田大厦

图 5-13　上海证券大厦

5. 2. 1. 3　剥离变化

剥离是指在一个完整的几何体的基础上，对几何体的表面进行减成的处理。剥离与切削减成不同的是，切削往往是减少一个或若干个单元体块，而剥离仅仅是将几何体的表面进行剥离状的减成。作为一种高层建筑中常用的造型手法，剥离可以增加形态组合的层次，使完整单一的形态成为变化的、有特点的整体，有一种退台变薄的感觉，使建筑更加显露力度。

剥离手法的运用可以改变建筑形式的比例关系，从而获得精致的尺度，是创造新形态的方法。由于受格式塔心理学的影响，这种设计手法打破了建筑平整外观的单调简单感，会引起完形的想象。

深圳发展中心大厦（见图 5-14）是国内高层建筑发展的初期作品，其造型上采用了剥离的设计手法，层次丰富而有变化，形成了独特的设计造型[90]。

剥离的部分和其他部分表面也可以通过材料质感色彩、窗洞的形式和构成线条等的对比产生有节奏的变化。现在国内高层建筑设计中，剥离减成已经成为一种常用的立面造型手段，并结合其他造型手法被广泛地运用。

图 5-14　深圳发展中心大厦

5.2.2　张力之美——整体支撑结构的理性扭转

这种技术对策通常是一系列造型手法综合运用的结果，如压缩、延伸、扭曲、旋转、调换、颠倒、移位、透叠、正反、分解等。

形体通过渐变，可以在一种形式过渡到另一种形式的过程中构成新形态。各种视觉关系要素都可以构成变形的因素，如方向的渐变、大小的渐变、曲率的渐变、角度的渐变等。通过变形可以实现形态的变换，从而得到不同形态的优点并给人以运动变化的感觉。

在高层建筑形式设计中，经常利用这种整体支撑结构的理性扭转来体现现代高层建筑的张力之美。

如波特曼设计的上海明天广场（见图 5-15），扭转的尖棱体形象随角度不同发生各种偏移和变换，在浦西形成了独特而不同凡响的高层形体轮廓[91]。

同时，该过程中往往产生如同自然形成的有机形态，不具有严格的数量关系和明确的几何性，强调形态与自然的融合，具有纯朴的视觉特征，使建筑能表现出一种生长感、量感、空间感、生命力感。

由西班牙建筑师卡拉特拉瓦（Santiago Calatrava）设计的杰作——瑞典最高的摩天住宅大厦"旋转中心"极具特色。大楼高190.4m，共有9个区层，每区层有5层，总共54层，每区层都旋转少许，使整栋大厦共旋转90°，俨如一枚螺旋钉（图5-16）[92]。大厦外墙厚度随高度递减，近地面的外墙厚2m，但大厦顶层的墙壁只有40cm。这样独特的建筑造型，源于建筑师对于建筑功能设计的游刃有余和对于建筑技术超强的把握能力。卡拉特拉瓦的灵感来自一件扭动身体形态的人体雕塑，所以大楼外形犹如扭动身躯（图5-17）。

图 5-15　上海明天广场

图 5-16　旋转中心

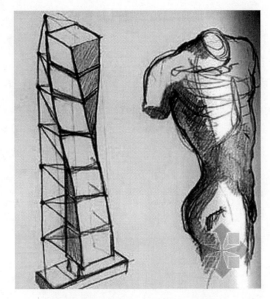

图 5-17　旋转中心的创意灵感

　　依据原形展开形态变化，可自由协调改变一条边的起伏，或进行形体的边角处理，由原形引发出无数形。分割出的立体形态，通过从不同角度的全方位观察，进行有机地组合与搭配，达到一个完整的立体构成形态。如果注入功能和使用内容，既有创新立体形态，又有合理的内容空间，就形成了新的造型。

5.2.3　表皮之美——不同材料质感的生动演绎

图 5-18　马赛公寓

　　通过强调材料的质感来体现表皮之美，从而传达建筑的内涵，使建筑富有独特的美学形象。

　　其中一种就是表现素混凝土质感的粗野主义，如勒·柯布西耶的马赛公寓（见图 5-18），外墙装饰利用直接从木模倒出的粗混凝土，不加任何修饰，从不修边幅的钢筋混凝土的毛糙、沉重与粗野中寻求一种粗犷的建筑风格。位于中国济南的山东宾馆及人民会堂在裙房的设计中，选用了中国本土的面材，体现了对中国传统建筑的尊重，而塔楼的立面则用现代的建筑材料——混凝土表现了中国样式的特征（见图5-19）。

图 5-19　山东宾馆及人民会堂

另一种强调材料质感特性的风格与粗混凝土相反，它强调材料的精细与光滑，这种风格使建筑进入工业产品设计领域。它运用钢结构玻璃幕墙工业机械技术、金属面板、塑性塑料板等，使建筑外表呈光滑圆润的效果。这种技术后来发展成为全玻璃幕墙和金属板包面的建筑风格。

KPF事务所设计的瓦特办公楼位于繁华的商业地区，正面朝向芝加哥河，呈圆弧形，造型活泼，是一栋极为成功的办公楼。外墙采用绿色的反射玻璃，不锈钢幕墙钢框的水平舒展体现了宁静、安闲的性格。整栋建筑光彩夺目，犹如一座濒临河边的大型浮雕，明朗美观。香港中环的中信大厦同样体现了这种材料的精致细腻之美（见图5-20）。

北京航宇大厦建筑高度78m，建筑主要采用金属板和玻璃等新材料，创造出简洁、大方、典雅的高科技建筑形象。建筑顶部轻巧的金属板飞翅处理，不仅从形式上把建筑描绘得更为现代、高耸，更能从视觉上表达航天事业冲击天际、畅游宇宙的动势（图5-21）。通过不同材料质感的组合，建筑师常常会创造出极富个性化的建筑形象。

图 5-20　香港中信大厦　　　　　　　　　　图 5-21　北京航宇大厦

5.2.4　环形之美——垂直组织结构的整体颠覆

　　高层建筑出现的一百多年中，无论风格流派如何轮回，其追求更高更个性的目标始终未变，而且其垂直的结构组织方式也是从未变过。随着时代发展、技术的日新月异，越来越多的建筑师想突破这种单栋塔楼向空中追求绝对高度的老套做法。

　　高层建筑在地面相连接的做法实在平常不过，没有讨论的意义，而在空中联结这个总体思路也并不是横空出世的想法，而是众多建筑师们长期对高层建筑设计进行不懈探索的一个延续。事实上，在 20 世纪初，当高层建筑这种建筑类型刚在美国出现不久，一些建筑师和艺术家便开始幻想起各种高层建筑在空中连接的场景了，不过那时也只能停留在浪漫的想象阶段。到了 20 世纪 60 年代，越来越多的建筑师开始意识到单栋摩天楼的局限性：楼层越高便越失去与城市地面和其他建筑之间的联系，而成为完全孤立的"空中楼阁"。当时甚至有建筑理论家批评美国城市中的摩天楼群已经成为从城市生活中"异化"出来的"失去魅力的山峰"。1960～1970 年，在技术进步的乐观情绪鼓动下，建筑师们改天换地的雄心呈指数般地增长，一时间关于摩天楼群在空中相互连接而形成一个"立体城市网络"的设想蔚然成风。但深具讽刺意味的是，实际上当时很少有建筑师以真正切实的态度直面经济、技术、政治、生态等诸多因素的限制，因而众多"空中城市"的设想并没有可实施性，而仅仅是图面上的狂想。20世纪八九十年代，在少数发达国家中，一些建筑师开始利用其成熟的经济、技术条件，以一种更务实的态度探讨摩天楼的空中连接问题，并且其中有几个作品终于得以建成，成为当地标志性的建筑，如前文提到过的新梅田大厦、佩重纳斯大厦等。

　　由于对结构安全的考虑、经济技术条件的限制和审美观念的影响，长期以来，绝大多数建筑师对摩天楼空中连接的设计都局限在"垂直塔楼＋水平连接"的单一思路中。少有的特例是1992年美国建筑师彼德·埃森曼为柏林设计的摩天楼（图5-22）。它本质上仍是一个空中相连的双塔楼，但其外墙表面连续的折面，形成一个极富整体感和动感的形象：一栋塔楼自地面向上腾起，在空中扭转，自然地"变成"另一栋塔楼，然后降回地面。该设计终究未能建成，技术的难度和造价问题是导致该方案流产的重要因素。有趣的是，当有人询问该设计的构思时，埃森曼半开玩笑

图5-22　马科斯·瑞哈德大楼

地解释到："所有的摩天楼都是垂直向上'勃起'，以显示阳具般的威力，而我坚决反对男性中心主义，所以我的摩天楼是一个单性生物。它折叠向上之后再扭曲回来，插入自身，从而可以自我繁殖、生生不息……"姑且不论设计师本人言辞的另类与玩世不恭，但的确是提供了基于技术创新基础之上的全新设计对策，那就是突破高层建筑的垂直组织结构。

　　这种超越人类想象力的构想，在CCTV新总部大楼上得以完全实现，在该设计中，设计者库哈斯本人的总体设计构思其实很简单明了：不重复通常摩天楼作为单栋塔楼向空中追求绝对高度的做法，而是将摩天楼设计成一个高度适中的综合体——一个"巨环"。或者，更直截了当地说，是将整个项目先分为两栋摩天楼，然后再分别在地面和高空中将两栋楼连接起来。首先为了强调

动感，两栋主体塔楼呈倾斜状；然后，更引人注目的部分在于：两栋塔楼之间的空中连接部分不是从各塔楼平面的几何中心处通过直线直接相连，而是经过一个巨型悬挑出去的"空中拐角"间接相连的。与此同理，两栋塔楼之间的地面连接则是经过另外一个与"空中拐角"相对应的"地面拐角"相连的；并且，作为连接体的两个"拐角"与两栋塔楼的截面粗细程度相近、立面处理一致，于是一个看似连续的、极富动感的"巨环"形象便诞生了（图1-7）[93]。埃森曼的柏林摩天楼虽外形看似复杂，但双塔楼的空中连接体的重心基本上落在两栋塔楼的几何中心连线上；而相形之下，库哈斯设计的CCTV新总部大楼的技术挑战性更大，因为其双塔楼的空中连接体——"空中拐角"的重心是悬挑在两栋塔楼的几何中心连线之外的。尽管"巨环"的整体结构是均衡的而不至于倾倒，但要保证巨型悬挑出去的"空中拐角"不在转折部位折断，必须采取相当的结构加固措施。当然，这里技术的挑战归根结底是对经济性的挑战，换句话说，对于设计，再难的技术问题都是可以解决的，只要资金充足。可以想见，如果不是技术创新达到了前所未有的高度，人类如何实现这种突破？这种完全颠覆传统设计中垂直组织结构的做法，的确是为人类高层建筑的设计开创了全新的诗篇。

5.2.5 曲线之美——传统"方盒子"高层的超现实突破

传统的方盒子，不论是古典立面还是现代立面，都展示出高层建筑造型中简洁大气的整体形象。而深具曲线美的圆形造型，则由于其光滑连续且具有同心的特征使人觉得印象深刻。

在高层建筑体型中，基于圆形的圆柱体是一种具有向心力的筒状物，表面张力比其他形体要强，在城市高层建筑群中有较突出的形象特征（见图5-23）。同时，圆形体与其他几何体组合，可以形成丰富多彩的几何关系对比，反映不同的体块之间的差异。在细部设计上，曲面设计或者曲折变化，能够形成奇特的建筑形式。

在城市建设用地中，曲线形体可以更好地结合城市的形态进行设计。如在城市街角处采用弧线平面，能使建筑形体更加贴近街道，而且从多个角度都可以完整地欣赏建筑。如日本千叶的精工大楼，主楼为1/4弧形，弧面弱化了对城市空间的压力，使整个建筑更加流畅自然，并为周边快速路提供了显著的标志。上海久事大厦等国内高层建筑也采取了类似的做法，取得良好的城市空间

图 5-23 美国 NCNB 国家银行总部

效果。然而，这种体型上的曲线，仍旧是以表现竖向线条而得以实现的。因为高层建筑出现以来，一直通过竖向线条来体现挺拔和高度，这种设计手法也为广大建筑师所熟知并运用。

2005 年底，加拿大 Mississauga 市一栋 50 层高的公寓楼吸引了全球建筑师的目光，不仅仅因为中标者是中国建筑师马岩松以及"梦露大厦"独特的造型，更重要的是"梦露大厦"突破了传统"方盒子"式的高层建筑形象，用横向线条和弯曲的曲线表达出中国圆润和曲径通幽文化思想在建筑师心中的沉积（见图 1-5），表达了一种纯净的曲线之美。设计中，连续的水平阳台环绕整栋建筑，传统高层建筑中用来强调高度和地位的垂直线条都被取消，那些被现代主义建筑师热衷表现在外表的高超结构也被隐藏起来。整个建筑在不同高度进行着不同角度的扭转，使更多的阳台向天空开放，也同时对应不同高度的景观文脉。加拿大的评论家在一篇报道中曾提到："梦露大厦就像是穿着紧身晚礼服的玛丽莲·梦露，它性感的曲线不得不让你想到自然和身体，而不再是我们已经习惯了的这个火柴盒一样的工业城市。"[94]

5.3
内在美的技术创新对策

在高层建筑形式设计中，相当的一个历史时期，高层建筑形态出现了同化现象，导致全球城市形象过于雷同。随着建筑技术手段的提升，建筑师又找到了追求建筑个性的新平台，那就是在追求形体外在美的同时，更要强调蕴含的内涵美。

5.3.1 文化内涵——形神合一的文化演绎

高层建筑本身对于文化理念的表达，对于人类文化的传承包括两个方面：其一，高层建筑可视为文化环境的一个节点，它应以其形态和意象显示出文化多重内涵的某种共同价值取向，并表达对城市文化多层次的认同和发展。传承文化并创造一种人文环境，从人的需求着手设计，是高层建筑内涵美的重要体现。其二，凭借高层建筑的直观性、时效性、艺术感染力，对文化进行一种反馈。高耸的建筑物在人们心中具有重要的精神功能，与文化具有密切的联系。高层建筑对于文化内涵的表达存在于精神人文环境中，它所具有的意义与人们的民族精神和审美、风俗和信仰、生活习性、经济政治形态等隐性因素有着一种相互作用的关联。高层建筑，一经社会认可就会成为一种约定俗成的"符号"。随着这种符号地位的日益增强，它就会反作用于文化背景，迫使文化背景将其作为一种新因素纳入自身的范畴，进而使建筑的社会观、文化观得以更新。这种反馈与更新对于文化背景和建筑都是不可缺少的。

台北的 101 金融大厦（见图 5-24），以中国人的吉祥数字"8"作为设计单元，层层相叠，构筑整体。在外观上形成有节奏的动律美感，开创了国际超高层大楼的新风格。多节式的外观，宛若劲竹节节高升、游刃有余，象征生生不息的中国传统建筑意涵，实现"一花一世界、一台一如来、台台皆世界、步步是未来"的东方文化的原创理念，真正成为台北的标志性建筑物[21]。

高层建筑形体有时候也受民间风俗与信仰方面因素的控制，在中国南方、中国香港、东南亚一代，风水理论至今仍然影响着建筑的形式。日本设计师黑

川纪章设计的华哥尔曲町大楼，是一
座办公兼仓库的综合性大楼，整个建
筑犹如一个巨大的工业制品，入口上
方的雨篷像悬浮在空中的宇宙飞船，
同时电梯间和天井似宇宙飞船的指南
针，还画上了方位吉凶符。

广州观光电视塔反映了建筑对于
民间传说与生活习性的尊重。传说中
五位仙人骑着五头仙羊降落在珠江三
角洲地区，每一位都播种下一串象征
着无尽繁荣的稻穗。仙人离开后，五
只仙羊变成了石头。因此KPF在设计
广州观光电视塔的时候，就用五羊的
形象赋予了观光塔最终的形态，桅杆
和天线的整体造型就像一头山羊。设
计的后期，实现了使倾斜的塔身指向
北面环绕北极星旋转的天龙星座——
守护神龙。地上的羊与天上的龙在无
限的宇宙中相对，使得观光塔的意义
更加完美。

图5-24 台北101金融大厦

高层建筑对文化的保护和尊重，
并不意味着放弃建筑的发展。正如美籍华人建筑师贝聿铭所说："我注重的是
如何用现代建筑材料来表达传统，并使传统的东西赋予时代意义"。

广州富力中心是一栋250m高的高层办公楼，其设计的概念和灵感就来源
于中国两千年前的传统文化——古代帝王或贵族佩戴的古玉，古玉都采用方正
的形状，用线条来限定比例和面积，并形成形制。富力中心构思就取材于白玉
雕刻的方正外形，设计追求比例和平衡，创造出纯净端庄的建筑形象，为获得
白玉通透、高贵的感觉，设计师对建筑外立面进行仔细推敲，采用现代建筑材
料玻璃的质地、纹理获得了满意的效果，建筑顶部有绿化区域，同样使用了玻
璃天窗，如同给建筑带上了华丽的皇冠，也实现了对传统文化的演绎[95]（见
图5-25）。

5.3.2 生态内涵——由表及里的生态追求

高层建筑对于生态内涵的表达，往往注重把绿化引入楼层，考虑日照、防晒、通风以及与自然环境有机结合等因素，使建筑重新回到自然中去，成为大自然的一部分，并努力做到相互共生，这也是人类的理想。这种设计打破了传统高层建筑上下左右空间全部由租售房间层叠密实的做法，适当挖去或抽空一部分，作为高空的开放或封闭庭园，使在高空的人们也能观赏和享用自然环境。

杨经文在马来西亚槟榔屿设计建成了一幢 28 层、下面是办公区上面是豪华公寓的 MBF 大厦，它适应了热带地区的气候条件，每隔 3 层有 1 个 2 层高的"空中庭园"或平台种植花草，公寓及电梯厅都采用自然通风，既增强了景观作用又改善了室内环境。

由美国建筑师鲁道夫设计的印尼雅加达的德哈拉马大楼（见图 5-26），在

图 5-25　广州富力中心　　　　　　图 5-26　德哈拉马大楼效果图

设计中采取了一系列适应生态环境的手法。首先在建筑中应用了当地传统的倾斜屋面作为设计要素，装点着交错布置的凸出阳台，加上在阳台内都有意布置了绿色藤蔓，使得这座处于热带气候中的大楼显得生机盎然且富有乡土气息[96]。KPF事务所在美国洛杉矶设计的第五公园城市公寓（如图5-27、图5-28），将"绿色"延伸到整栋大厦上，使得生态成为设计的主要目标之一[97]。形形色色的设计都是结合技术和人文双方面的优势，或以节能为主或以景观为主，不去刻意计较风格与流派，一切以"生态对策"作为贯穿设计的主线从而达到可持续发展的目的。

图 5-27　第五公园城市公寓细部

在科学技术日新月异的今天，任何建筑形式、风格都必须有利于技术进步，否则它就会失去存在的生命力。日本东京六本木山综合体项目以恢复城市活力为初衷，提出创造"城市中心文化"和"垂直花园都市"的概念。强调在大都市中把分散的土地整合起来，建设高层项目，使地面留出更多的绿化空间贡献给城市，使得街道变成绿意盎然的开放场所，从而增加每个人的都市空间。设计师认为，只有

图 5-28　第五公园城市公寓效果图

高层建筑才能使大部分人方便地工作和紧凑地居住，这样能够体现大都市的魅力。设计中自地面直至屋顶，通过高度不同的绿色广场，形成都市中"立体洄游森林"。高密度的空间形态经过巧妙的规划设计，将城市生活与文化、生态、景观有机地结合为一体，使之成为21世纪东京活力都市的象征。杨经文设计的 Editt Tower（见图5-29）大楼，采用坡道连接上下层面的办法，能够保持

土壤自地面一直不间断地延续至高处，可以种植多种大型草本植物与木本植物，使得建筑无论内部还是外部，都具有良好的自然环境和人工环境，建筑形象也因此独树一帜，体现了一种由表及里的生态设计内涵[98]。

图 5-29 Editt Tower 大楼效果图

5.3.3 地域内涵——多元共生的地域阐释

遵从特定的地域特色，是创造高层建筑内涵美的重要对策之一。笔者认为，具体对策主要有以下几方面：对气候条件的适应；对地理条件的适应；对地方资源的运用。

5.3.3.1 对气候条件的利用

气候作为显著的地域自然特征，在一定程度上决定着地域性原则中建筑的表现形式和发展方向。合理处理气候因素，在为人们提供舒适的建筑环境的同时，减少对技术的过度依赖和能源消耗。各地区传统建筑风格的巨大差别常常是不同的气候条件的真实反映。在深层结构层次上，气候条件决定了文化和表达方式。

高层建筑的设计应该对它所在地区的自然环境和气候做出呼应。

印度建筑师查尔斯·柯里亚设计的干城章嘉公寓大楼（见图 5-30）是这方

面的典范。建筑位于孟买附近的滨海区域，建筑朝向以西为主，朝西开窗，这是大海的方向，也是主导风向和主要景观的朝向。柯里亚提出了"中间区域"的概念，在居住区域与室外之间创造一个具有保护作用的区域，遮挡下午的阳光和阻挡季风的影响，中间区域主要由两层的花园平台构成。这些朝东或朝西的花园阳台成了居民们主要的生活空间。住户的平面东西贯通，都有穿堂风，这在热带地区是十分必要的。这种布置方式很适合居民们长期以来所形成的生活习惯，他们在一年中的一定季节就把阳台当作起居室和卧室。干城章嘉公寓是孟买城市景观中的一个亮点，设计师在这个项目里完美地解决了季风、西晒和景观三个主要矛盾，同时建筑立面的开洞和色彩借鉴了柯布西耶的手法并赋予各单元以识别性。这是针对孟买炎热干燥的物理环境做出的典范之作[99]。

5.3.3.2 对地理条件的适应

对地理条件的适应，在微观上是建筑对具体的建造场地的应答，

图 5-30 干城章嘉公寓大楼

决定着具体建筑的处理，体现为场地性；在宏观上，影响着一个地区的场所意象和心理认知。这两个方面相互融合，不可分割，体现了技术与艺术的兼顾。

在日本常常见到的高层建筑不是方盒子就是下大上小的形式，这与日本的地质条件有密切关系，因为日本是个地震频发的国家，一般在高层建筑的造型上都尽量采用对抗震结构更为有利的形式，如底部大逐渐向上变小的形式。因

为从高层建筑的侧向位移和稳定性出发，适宜采用这种下大上小、下重上轻或者由下向上逐层收分的平面空间布局及造型方式。这样发展演变过来，渐渐形成一种由于地质条件的特殊性而发展成的特殊的高层建筑风格，因此带有明显的地域特色。地域风格的形成通常是非常缓慢的，而高层建筑的发展历史较短，这些与地理条件息息相关的设计要点会慢慢地在高层建筑设计中呈现出来，逐渐累积成一些具有地域特征的设计元素，进而形成明显的地域风格。

高层建筑因为体量上的原因，使它在与地形地势的结合上更有难度，通常可以在高层底部空间的设计方面来体现对基地地形的尊重。很多屹立在河滨、江岸、海边的高层建筑物，其形象与所处的地域环境中的特色有内在的联系，如阿拉伯塔酒店的帆船造型（见图 5-31），它的造型象征和它所代表的物象与场地环境有显见的或者联想的共同元素。

图 5-31　阿拉伯塔酒店（迪拜帆船酒店）

5.3.3.3　对地方资源的运用

地方资源条件为建筑的生成提供了物质基础和限制因素。在对地方资源的巧妙运用中形成的建造工艺和审美倾向也逐步融入地区文化的内核，构成了人们对地区的记忆和情感，而这种由资源演变而来的人们对地域文化的记忆和情感需求对高层建筑的影响，远远超过资源本身对高层建筑设计产生的影响。

高层建筑对当地资源的利用往往会给它带来与众不同的外观效果。比如西班牙巴塞罗那为 1992 年奥林匹克运动会召开而建的马普弗雷塔楼，它的外装饰材料选用了当地的不锈钢和倾斜的蓝色玻璃，这样使它的外形更有吸引力而且颇具有地方特色，而设计师选用不锈钢的原因除了外观效果之外，还因为不锈钢作为建筑材料极为耐久，并且临海而建的塔楼必然要面对很多侵蚀性的破坏，不锈钢的抗腐蚀性也给这个建筑带来使用上的持久性。而和玻璃一样具有反射能力的不锈钢也能映射海边的环境，使塔楼和谐地融合到自然环境中去。

此外，我们从土地资源的角度来分析高层建筑的风格特征，以全球土地资源条件与人口情况来看，澳洲、非洲、拉丁美洲的一些主要国家，如澳大利亚、新西兰、巴西、墨西哥、哥伦比亚、埃及等国家，它们人口稀少，土地广阔，大量未开发的资源和土地，使它们对高层建筑的发展缺少强烈的迫切愿望，因此建筑的主流方向仍然以多层为主，为了满足城市中心区和景观区的要求，它们也兴建了一些高层建筑，因为目的是为了满足人们的心理愿望或者城市标志的需要，这样就使这些地区的高层建筑明显具有更多的标志性建筑物的特点。

5.3.4　政治内涵——整体统一的政治隐喻

任何一个地区朝代的更替和重大的政治活动都会给建筑风格带来翻天覆地的变化。各项立法法规的执行对高层建筑风格带来重要影响，社会的领导阶层也往往把对建筑风格的掌控当作是权力的象征。

甚至在高层建筑的具体形象的表达上也有对政治倾向的直接表达，比如用高层建筑的布局和造型表达明显的政治色彩。尼迈耶设计的巴西国会大厦与最高法院、总统府"三足鼎立"，放在一个伸长的平台上。尼迈耶说："从一种建筑观点上看，一个建筑物必须能够从它的基础要素上，显现其特有的个性，比如说在国会大厦中，最主要的两个会议厅的设计，我们的目标在于赋予它们最崇高的表现，所以我们将这两者放在一个纪念性的平台上，它们的屹立不动正如立法权威在形式上的象征。"之后人们又联想到下扣着的半球体——参议院会议厅，象征"综合公众意见"；大口朝上的半球体——众议院会议厅，象征"采纳民众呼声"。整个广场与建筑群处理得高高在上，显示高于一切、统领一切的氛围，使得这个建筑群的政治象征意义异常强烈。加拿大多伦多市政厅的两幢曲面弧形的高层办公楼形体，一幢25层、另一幢31层，富有创造性及纪念性，也同样表达了亲民的政治意向。

政治因素对高层建筑风格的影响的确是十分明显的。比如中国的高层建筑是在改革开放以后才发展起来的,这个时候社会充满生机,经济增长迅猛,市场空前繁荣,建筑业也特别兴旺,政府领导给予建筑师充分的尊重,让建筑师们有大好的创作机会和施展才能的广阔天地。上海浦东新区政府大楼的造型,采用多边形的形体构成,用多棱柱体的挺拔与平缓的裙房形成鲜明的对比。群体建筑布局与造型与大楼前世纪广场相互协调,唤起了人们无穷的想象,也展示了政府办公建筑既庄严肃穆、又不失时代特征的形象,具有了特定的政治内涵。

中国建筑市场的繁荣也吸引了国外建筑师及国外资本的投入,它们对我国的建筑业既是促进又是冲击,引进国外先进的技术和理论以及管理方法的同时,也涌进各种思潮和流派,它们对年青建筑师影响尤深。社会实践的磨练会将它们纳入正轨。

不可否认,建筑形式美的基本原则在建筑形式设计中的体现是屡见不鲜的,根据每个地区的文化特色又衍生出各自不同的风格特色来,在创造高层建筑的个性形象时,理应尊重不同国家地区的政治体制及法律法规,在内涵和品质上进行深层次的表达。

5.3.5 城市内涵——动态发展的景观重塑

高层建筑的形式设计应该纳入到城市景观系统之中,充分体现城市景观系统的特点,对城市景观起到加强的作用,表达对人类生活美好愿望的追求。

高层建筑在整个城市景观系统中成为不断发展变化的动态城市景观的主要载体。一幢高层建筑的建立以及多幢高层建筑的集中出现,对城市景观和整个城市面貌的变化具有重大的影响力。高层建筑设计必须同城市景观环境建立联系,这是追求城市内涵必须具备的基本思路。

5.3.5.1 构筑优美的城市天际线

天际线可视为城市的远景观,是当相距一组城市形体足够远时,个体特征隐含于群体形象之后的一种群体形象特征,主要是由建筑顶部构成的一条轮廓线。这样,城市个体以群体的方式表现,并显示了其高度的群体特征(见图 5-32)。

天际线的塑造,因城市结构的不同而呈现不同的形式,如山地城市型、滨水城市型、平原城市型等,以高层建筑为主体的天际线塑造,应充分体现城市

图 5-32 芝加哥城市天际线

结构的内在联系和城市景观的向心力和凝聚力。天际线的控制实际上是从城市整体的景观出发，创造视觉上和谐的体验。

首先，天际线水平方向的变化，应避免天际线的过度重复和杂乱无章，突出城市的整体结构和市中心的主导地位。即通过高层建筑的合理布局和高度控制获得天际线的韵律和层次变化（见图 5-33）。

(a) 重庆市主要轮廓线

其次，城市天际线要反映城市的地形特征。尤其是在山地城市，高层建筑的建立应顺应山势，强调"山"的特征，而不应是对山地城市景观的削弱。

(b) 北京市主要轮廓线

再次，天际线也应是对景观环境的一种强化。如纽约曼哈顿的天际线，高层建筑错落有序的变化同水景相呼应，强化了景观。从不同时期的轮廓线观察，很容易发现这种强化作用（见图 5-34）。

(c) 天津市主要轮廓线

(d) 上海市主要轮廓线

图 5-33 高层布局对天际线的影响

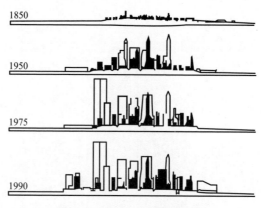

图 5-34　曼哈顿天际线的演化

同时天际线的构成也应体现一种对文化历史的尊重，在历史文化名城的城市景观中这种要求显得更为突出。如北京的天际线控制突出表现了对历史景观的保护，问题的焦点在于对高层建筑高度的控制。美国华盛顿有条著名的规定——任何建筑不得高于国会大厦空间上钟形小阁的底座，这条规定成功地控制了老城新建筑的尺度，保持了城市天际线的历史文化特征。

总之，高层建筑形体创造应从整体的观念出发，对高度和布局进行合理地评价和控制以求得天际线最佳的景观效果。

5.3.5.2　塑造城市景观系统中的标志物

高层建筑的标志性作用体现在城市功能区特别是城市中心结构的一种强化和视觉感知。这种过程往往是通过某些高层建筑超常尺度，同其他高层建筑和一般建筑的相对弱化配合而形成的；其根本目的在于以对比的手法完成对城市景观重点的突出。

标志的另一个方面则体现为形体的强烈识别特征。其中包含了建筑个性这个重要因素。美国的西尔斯大厦、北京的京广大厦、上海的上海商城，无疑都传播了地区标志的信息，成为具有高识别性的地标。

国内近年来的高层建筑设计中，业主在任务书里往往都提出要将自己的建筑设计为标志性建筑，这是一种盲目求新求异的表现，是对建筑个性以及地标等级的一种片面的理解。从城市景观的角度看，如果所有建筑都成为具有同一等级的标志，那就不成为标志，城市整体形象也会遭到破坏。高层建筑在城市景观系统中的建立应因地制宜，因时制宜，因环境而创造自己的个性。对于建筑的标志作用，应根据地址的不同加以强化和弱化，以求得整体的一致性和景观的合理性。

5.3.5.3　建立动态的城市视觉走廊

对城市的近景观察者需要有能够体现城市风貌的视线开放空间。高层建筑因其体量和高度对城市中人的视线起到了很大的遮蔽作用。由于视线的受阻，一座城市的景观不能展现在观察者面前。

从动态景观的角度看，作为动态观察者的运动速度较快，人在有限时间内获得的信息量大为减少，大尺度的高层建筑往往成为景观的主要载体。

近景观察要求的开放空间和动态观察所要求的路径，成为高层建筑景观表现的重要条件，视觉走廊的提出，为高层建筑在城市景观系统中的建立提供了思路。

视觉走廊就是城市景观的主轴线，是以路径为线索展开的城市开放景观。视觉走廊体现了城市的轴线特征，如上海的南京路，北京的长安街都不同程度地体现了视觉走廊在城市景观系统中的强化作用和视觉连续性的特征，通过视廊的建立，一方面将单栋的高层建筑和其他建筑以视廊为脉络，联系成为整体的景观；另一方面也由于高层建筑和其他建筑的个体差异而形成景观的变化和丰富，增加了城市的魅力。在上海从虹桥路—虹桥新区高层建筑群—静安寺—上海商城—人民广场—南京东路外滩—浦江对面的东方明珠电视塔的东西向视觉走廊（见图5-35）与从上海大厦—金陵路外滩南北向的视觉走廊充分体现了上海城市景观的主要特征。去过上海的人都会自觉不自觉地体会到这种作用，也都会体会到上海高水平的高层建筑形体创造所赋予城市的内涵之美。

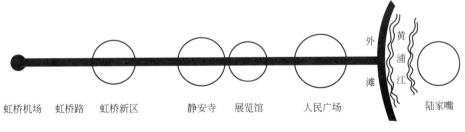

图 5-35　上海视觉走廊

围绕视廊进行的高层建筑设计应分体现对视廊高潮的强化作用和视觉的连续性。在城市更新中主要体现为高层建筑布局得适当，形成景观的连续，合理过渡和韵律变化。例如，在上海从虹桥到外滩的东西视廊中，高层建筑在虹桥新区、静安商业区、上海商城、国际饭店等区域内的适度集中以及它们之间较平缓的过渡，为视廊的变化增添了节奏变化的情趣（见图 5-36）。另一方面，造型的变化也是重要因素，在上海东西视廊中不同风格、不同历史时代的高层建筑造型，为城市景观增添了不同视觉体验，成为上海从历史到现代形象化认知的重要手段。综上所述，高层建筑在城市景观系统中天际线、标志和视觉走廊关系的建立，是高层建筑在城市景观系统中合理建构的基本原则，并使高层建筑形式创造成为整合城市景观的合理构成部分。

图 5-36　视觉走廊的节奏

5.4
本章小结

在相当长的一个历史时期，高层建筑形态出现了同化现象，带来的结果是全球城市形象的同一性趋势。随着建筑技术手段的提升，建筑师又找到了追求建筑个性的新平台。从宏观的角度上，高层建筑形式的发展与变化深刻地受建筑技术发展的影响，受到技术创新启示的建筑师们更加关注技术在形式创作中的应用。

具体对策体现在：应用新技术，表现技术和材料美感；利用技术的合理性，发挥地域特色，融合地域文脉；重新注重城市文化，关注建筑的文化象征；利用高层建筑的合理组合创造出不同个性的城市景观。现代高层建筑形式的表现的确呈现出多元综合的发展态势。

就外在属性而言，高层建筑因其引人注目的体量与造型而构成区域的标志，它的形式表现往往会成为人们感知城市环境风貌、体验城市特色的重要途径。而伴随着新世纪人们生活方式和价值观念的多元化发展，人们对建筑的审美感受已经不仅仅停留在外部属性上，高层建筑形式创作中所展现出来的美学特质、文化气息、地域文脉与城市同构等特征，也可以称得上是一种内在的美，这种内涵之美，映射出高层建筑形式设计中的完整性、主题性、层次性和主从性。通过对高层建筑深层次内涵的整合，来达到一种整体和谐的审美效果，这也正是所有建筑师在高层建筑形式设计中所追求的。

本书小结

经过对技术创新视阈下的高层建筑创作这一课题的系统考察和深入研究，本书在本体论、认识论和方法论层面上直接推动了这一领域的研究进展，对于课题研究内容的创新性见解、观点和创造性成果总结如下。

第一，本书深刻剖析了技术创新视阈下的高层建筑发展历程，创见性地提出高层建筑在新的时代条件下走技术创新的可持续发展之路的必然性和重要性。

高层建筑是城市发展最重要的建筑形式之一，社会多学科的交叉融合与多技术系统的综合集成构成了推动高层建筑发展的整合力量，伴随着建筑技术的日趋成熟，高层建筑必然以更深、更广、更直观和更具综合性的方式，走向健康稳定、可持续发展的技术创新之路。本文结合技术创新学、技术哲学、技术社会学、技术经济学等领域的最新研究成果，直接推动了该领域的基础理论研究工作，构建了理论框架和认识平台。

第二，本书引入创新学理论，构建了适用于我国建筑业技术创新的全新理论模式——"蛙跳"模式，并明确提出技术创新视阈下高层建筑的技术发展理念。

尽管近年来中国在经济领域取得了举世瞩目的成就，但相对于西方发达国家而言，我国建筑业仍然处于劳动密集型的初级阶段，现代科学技术含量较低。在这种形势下，我国建筑业如果沿着技术递进的道路发展，则必然充当发达国家先进建筑技术传递的雁尾，只能处于落后位置。因此，在深入解析我国建筑业技术创新障碍因素的基础之上，结合发达国家技术创新的经验及前辈学者的研究成果，构建了我国建筑业技术创新的"蛙跳"模式，在技术递进的同时，走"监测—引进—消化吸收—创新—扩散"的跨越式发展道路，这样便于形成了中国建筑技术发展可能具有的后发优势，提高行业的整体素质。高层建筑，物化了全人类技术创新的成果，在未来发展的道路上，应该坚持高新技术的科学创新、生态技术的优化创新、信息技术的综合创新、仿生技术的探索创新，这代表了高层建筑设计中未来的技术发展方向。

第三，本书凝炼地提出功能范畴高效性与平衡性的技术创新目标，并有针对性地建构了技术创新对策体系。

历来对于高层建筑功能层面的研究，都是以追求功能关系的合理性为目标，在新的时代背景下，这样的目标已远远不够，在功能关系合理的前提下最大化地满足高效性与平衡性，并不断利用新技术手段来实现它才是技术创新所追求的目标。这种高效平衡，不仅是单一功能系统的完善，更是各技术子系统之间的合理协调及整体功效的提升，同时要符合未来的发展趋势。

第四，本书全面地提出环境范畴城市化与生态化、人性化与生态化的技术创新目标，并系统地建立了技术创新对策体系。

本文立足于高层建筑，全面系统地提出高层建筑外部环境的城市化与生态化目标以及内部环境的人性化与生态化目标，深入剖析其外部环境所应具备的生态设计原则及对策，指出作为城市系统中的重要组成部分，高层建筑必然成为城市可持续发展的推动力量，担负起保护自然生态环境、改善区域城市环境、营造近地场所环境的重任；并明确地将高层建筑共享空间的高空化、竖向景观的立体化、自然通风的垂直化和表皮设计的智能化作为技术创新对策提出，为内部环境设计注入活力。

第五，本书整合了高层建筑形式设计的内涵，创见性地提出高层建筑外在美与内在美的设计目标，以及一系列创新性的技术对策。

以往对于高层建筑外在形式的研究，往往集中于一些具体手法的细化，本书明确提出了高层建筑整体结构的理性扭转、垂直组织结构的整体颠覆、传统"方盒子"高层的超现实突破等全新的高层建筑外在美的技术创新对策；并明确了文化演绎、生态追求、地域阐释、政治隐喻、景观重塑等内在美技术创新对策，从而使高层建筑形式设计真正做到内与外的系统性整合。

对于技术创新视阈下的高层建筑创作这一课题，从理论框架、结构体系到具体内容，都还有更多的研究空间和深入余地，具体的研究思路、研究模式、研究方法也不可能是唯一的，这需要更多的专业领域同仁们继续深入探索。高层建筑设计中的技术创新应用研究，课题现实性强，恳请各位前辈、师长、同仁予以批评指正。

参考文献
REFERENCES

[1] 梅洪元，陈剑飞.新世纪高层建筑发展趋势及其对城市的影响.城市建筑，2005（7）：9.

[2] 雷春浓.现代高层建筑设计.北京：中国建筑工业出版社，1997：5，7.

[3] 徐波.依靠技术创新促进建筑业发展.城乡建筑，2001（2）：54-56.

[4] 动态链接：国际新闻.Aedas 在阿联酋 Al Reem 岛设计"美腿"大厦.城市建筑，2007（2）：92.

[5] 大师系列丛书编辑部.瑞姆·库哈斯的作品与思想.北京：中国电力出版社，2005：50.

[6] （法）SERGE SALAT.可持续发展设计指南.北京：清华大学出版社，2006：193.

[7] 许力主编，薛恩伦，李道增，等.后现代主义建筑 20 讲.上海：上海社会科学院出版社，2005：308.

[8] 谭庆琏.第五届詹天佑土木工程大奖获奖工程集锦.北京：中国建筑工业出版社，2006：42.

[9] 谭庆琏.詹天佑土木工程大奖获奖工程集锦（第三届）.北京：中国建筑工业出版社，2004：42.

[10] 刘先觉.密斯·凡·德·罗.北京：中国建筑工业出版社，1994：217，219.

[11] 吴良镛.面向二十一世纪的建筑学——北京宪章、分题报告、部分论文，1999：3-4.

[12] 建筑技术政策纲要.建筑学报，1998（6）：4-6.

[13] 吴良镛.广义建筑学.北京：清华大学出版社，1989：62-89.

[14] 彼德·普朗.基于高层智能建筑创新的城市建筑活动——摩天楼是现代城市对未来的希望宣言.高层建筑与智能建筑国际学术研讨会论文集，2002：1-7.

[15] 戴复东.运用高科技，开发高智能，实现高生态，高层才感人——未

来高层超高层建筑的发展方向.高层建筑与智能建筑国际学术研讨会论文集，2002：17-20.

[16] 梅洪元.中国高层建筑创作理论研究.高层建筑与智能建筑国际学术研讨会论文集，2002：8-11.

[17] 覃力.高层建筑设计的一种倾向——大规模高层建筑的集群化和城市化.高层建筑与智能建筑国际学术研讨会论文集，2002：37-40.

[18] 雷春浓.高层建筑设计手册.北京：中国建筑工业出版社，2002：1-3.

[19] 美国高层建筑与城市环境协会著.高层建筑设计.罗福午，英若聪，等译.北京：中国建筑工业出版社，1997：1-10.

[20] 梅洪元.中国高层建筑创作理论研究.哈尔滨工业大学博士学位论文，1999.

[21] 刘春荣.高层建筑设计与技术.北京：中国建筑工业出版社，2005：113.

[22] 覃力编.日本高层建筑.北京：中国建筑工业出版社，2005：1-50.

[23] 戴复东.美国高楼概述.世界建筑，1991（4）.

[24] 戴复东，戴维平.欲与天公试比高——高层建筑的现状及未来.世界建筑，1997（2）.

[25] 覃力.现代建筑创作中的技术表现.建筑学报，1999（7）：47.

[26] 艾志刚.高层建筑发展与设计研究.清华大学博士学位论文，1994.

[27] 柳亦春.高层、超高层建筑的设计合理性.同济大学硕士学位论文，1997.

[28] 赵阳.中日高层建筑空间构成模式比较.深圳大学硕士学位论文，2001.

[29] 李文.高层建筑设计美学初探.东南大学硕士学位论文，1996.

[30] 蒋玮.当代高技术建筑的情感化趋向.同济大学硕士学位论文，1998：1-66.

[31] 任坚.高技派建筑与手法主义.同济大学硕士学位论文，1992：1-46.

[32] 邹永华.注重技术因素的建筑设计理念及方法研究初探.清华大学硕士学位论文，2003：1-144.

[33] Klaus Daniels. Low-tech Light-tech High-tech：Building in the Information Age. Birkhauser Publishers，1998：20-55.

[34] Charles Jencks. Building Innovation Complex Constructs in a Changing World. Thomas Telford Publishing，2000：17-81.

[35] 曾坚.当代世界先锋建筑的设计观念——变异　软化　背景　启迪.天津：天津大学出版社，1995：51-74.

[36] （美）尼古拉·尼葛洛庞帝.数字化生存.胡泳，范海燕，译.海口：海南出版社，1996：80-135.

[37] 祝英杰.超高层建筑技术发展现状.工业建筑，1999（4）：20.

[38] 吴国盛.技术哲学——一个有着伟大未来的学科.中华读书报，1999（11）.

[39] 徐恒醇.技术美学原理.北京：科学普及出版社，1987（11）：1-192.

[40] 万书元.当代西方建筑美学.南京：东南大学出版社，2001：1-389.

[41] 赵巍岩.当代建筑美学意义.南京：东南大学出版社，2001：1-229.

[42] Klaus Daniels. The Technology of Ecological Building：Basic Principles and Measures，Examples and Ideals. Boston：Birkh User Verlag，1997：1-302.

[43] 布赖恩·爱德华兹. 可持续性建筑. 周玉鹏，宋晔皓，译. 北京：中国建筑工业出版社，2003：1-277.

[44] 傅家骥. 技术创新学. 北京：清华大学出版社，1998：6，13.

[45] 简明大不列颠百科全书. 中国大百科全书出版社，1986.

[46] 李富强. 知识经济与知识产品. 科学社会文献出版社，1998：214.

[47] 曹鹏. 技术创新的历史阶段性研究. 沈阳：东北大学出版社，2002：25.

[48] 建设部颁布法规. 关于建筑业 1994，1995 年和"九五"期间推广应用 10 项新技术的通知. 建〔1994〕490 号，1994.

[49] 建设部颁布法规. 关于建筑业进一步推广应用 10 项新技术的通知. 建〔1998〕200 号，1998.

[50] Matthew Wells. Skyscrapers——Structure and design. London：Laurence King Publishing Ltd，2005：30-35.

[51] 崔悦君. 创新建筑——THE URGENCY OF CHANGE 崔悦君的进化式建筑. 北京：中国建筑工业出版社，2002.

[52] (西) 贝伦·加西亚. 世界名建筑抗震方案设计. 刘伟庆，欧谨，译. 北京：中国水利水电出版社，中国产权出版社，2002：196-198.

[53] 薛求理. 全球化冲击——海外建筑设计在中国. 上海：同济大学出版社，2006：1-162.

[54] 马岩松. 中钢国际广场. 城市建筑，2007 (10)：41.

[55] Remo Riva. 浅议高层办公建筑发展. 侯兆铭，译. 城市建筑，2006 (5)：32-36.

[56] 巴马丹拿国际公司. 九龙柯士甸道西 1 号. 城市建筑，2005 (7)：43.

[57] 张南宁，李炎. 高层综合医疗建筑的内部交通组织——以中山大学附属第一医院手术科大楼设计为例. 城市建筑，2007 (7)：32-34.

[58] 张春阳，李黎. 现代医院建筑设计探索——以中山大学附属第三医院医技大楼为例. 城市建筑，2007 (7)：30-31.

[59] 刘力，张旭. 河南建业 Giant Mall. 城市建筑，2005 (7)：50.

[60] 大师系列丛书编辑部. 瑞姆·库哈斯的作品与思想. 北京：中国电力出版社，2005：1-160.

[61] 马岩松. MAD 建成之前. 城市建筑，2005 (12)：9.

[62] 戚广平，黄晔. 边缘营造的高层建筑设计探索——河南高速公路联网中心设计. 城市建筑，2005 (7)：24-28.

[63] 福斯特及合伙人事务所. 俄罗斯之塔. 城市建筑，2007 (10)：77.

[64] 王正刚，侯兆铭. 塑造宜人的城市环境. 建筑学报，2003 (1)：44-49.

[65] Geoff Craighead. High-rise Security and Fire Life Safety. Amsterdam：Butter-

worth -Heinemann，2003：1-548.

［66］ Johann Eisele，Ellen Kloft. High-rise Manual ：Typology and Design，Construction and Technology. Boston：Birkhauser-Publishers for Architecture，2003：1-235.

［67］ Lawrence Wai-chung Lai，Daniel Chi-wing Ho. Planning Buildings for a Highrise Environment in Hong Kong ：A Review of Building Appeal Decisions. Hong Kong ：Hong Kong University Press，2000：1-369.

［68］ Robin Hutcheon. High-rise Society ：the First 50 Years of the Hong Kong Housing Society. Hong Kong ：Chinese University Press，1998：1-117.

［69］ Ching-ling Tai. Housing Policy and High-rise Living ：A Study of Singapore's Public Housing. Singapore ：Chopmen，1998.

［70］ 侯兆铭.谈城市景观控制的专业对策.低温建筑技术，2004（5）：38-39.

［71］ 大都会建筑事务所. Bicentenario 塔.城市建筑，2007（10）：54.

［72］ 福斯特及合伙人事务所.赫斯特大厦.城市建筑，2007（10）：70.

［73］ SOM. 广州珍珠河大厦.城市建筑，2007（1）：81.

［74］ Michael Chew Yit Lin. ConstructionTechnology for Tall Buildings. Singapore：World Scientific，2001.

［75］ Melbourne Organizing Committee. Tall Buildings and Urban Habitat：Cities in the Third Millennium：6th World Congress of the Council on Tall Buildings and Urban Habitat. London；New York：Spon Press，2001.

［76］ Roberta Moudry. The AmericanSkyscraper：Cultural Histories. Cambridge：Cambridge University Press，2005.

［77］ JesúsSalvador Treviño. The Skyscraper That Flew and Other Stories. Houston，Tex.：Arte Público Press，2005.

［78］ Eric Höweler. Skyscraper：Designs of the Recent Past and For the Near Future. London：Thames & Hudson，2003.

［79］ Graeme Thomson. The Pig and the Skyscraper：Chicago：A History of Our Future. London；New York：VERSO，2000.

［80］ Daniel M. Abramson. Skyscraper Rivals：The AIG Building and The Architecture of Wall Street. New York：Princeton Architectural Press，2001.

［81］ Ken Yeang. TheGreen Skyscraper：The Basis for Designing Sustainable Intensive Buildings. New York：Prestel，1999.

［82］ 黄敏健.阅读贝聿铭.北京：中国计划出版社/香港：贝思出版有限公司，1997.

［83］ 深圳帝王大厦.北京：中国建筑工业出版社，1997.

［84］ 约翰·波特曼建筑设计事务所.外滩中心.城市建筑，2005（11）：67.

［85］ 张关林，石礼文.金茂大厦 决策、设计、施工.北京：中国建筑工业出版社，2000.

[86] 窦以德等编译.诺曼·福斯特.北京：中国建筑工业出版社，1997.

[87] 付本臣.中国建筑文化现代转型研究.哈尔滨工业大学博士学位论文，2005：123.

[88] 日本建筑学会.日本建筑设计资料集成·综合篇.北京：中国建筑工业出版社，2003.

[89] 华东建筑设计研究院作品集.哈尔滨：黑龙江科学技术出版社，1998.

[90] 深圳建设局，深圳市城建档案馆.深圳高层建筑实录.深圳：海天出版社,1997.

[91] 约翰·波特曼建筑设计事务所.明天广场.城市建筑，2005（11）：63.

[92] 动态链接：国际新闻.北欧最高建筑瑞典扭曲大厦正式开放.城市建筑，2005（10）：91.

[93] 朱涛.大跃进——解读库哈斯的 CCTV 新总部大楼.新建筑，2003（5）.

[94] 马岩松.接近自然的两种方式.城市建筑，2007（1）：32-33.

[95] 凯达环球有限公司.广州富力中心.城市建筑，2005（10）：43.

[96] （美）罗伯托·德阿尔巴.保罗·鲁道夫设计作品集（下）侯兆铭，周圆，译.北京：中国建筑工业出版社，2005.

[97] KPF 建筑师事务所.第五公园城市公寓.城市建筑，2007（10）：87.

[98] Ken Yeang. Reinventing the Skyscraper：A Vertical Theory of Urban Design. Chichester，West Sussex：Wiley，2002.

[99] 叶晓健.浪漫与历史的交织——查理斯·柯里亚的建筑空间.建筑与设计 A+D，2002/合刊：94，105-106.

[100] Kenneth Yeang. 大型建筑及环境的生态设计.侯兆铭，迟杭，译.新建筑，2003（2）：52-54.

[101] （美）悉尼·利布兰克.20 世纪美国建筑.许为础，张恒珍，译.广州：百通集团/合肥：安徽科学技术业出版社，1997.

[102] 罗昭宁，许顺法.亚洲新建筑.北京：中国建筑工业出版社，1998.

[103] 弗朗西斯·D.K.钦.建筑：形式·空间和建筑.北京：中国建筑工业出版社，1987：128.

[104] I. L. 麦克哈格.设计结合自然.北京：中国建筑工业出版社，1992.

[105] 王受之.西方现代建筑史.北京：中国建筑工业出版社，1999.

[106] 林菁.美国现代主义风景园林设计大师丹·克雷及其作品.中国园林，2000（2）：76-78.

[107] Anne R Beer，Catherine Higgins. Environmental Planning for Site Development—A manual for sustainable local planning and design. 2 nd. London：E&FN Spon，1999.

[108] John Tilman Lyle. Regenerative Design for Sustainable Development. New York：John Wiley&Sons，Inc. 1994.

[109] Clare Cooper Marcus，Carolyn Francis. People Places——Design Guidelines for

Urban Open Space. 2nd. New York：JOHN WILEY&SONS，INC. 1998.

[110] Norman T. Newton. Design on the Land——the Development of Landscape Architecture. Cambridge：The Belknap Press of Harvard University Press，1971.

[111] David Pye. The Nature and Aesthetics of Design. London：The Herbert Press，1978.

[112] Frederick Steiner. The Living Landscape——An Ecological Approach to Landscape Planning. New York：McGraw——Hill，Inc. 1991.

[113] Katie Williams，Elizabeth Burton，Mike Jenks. Achieving Sustainable Urban Form. London：E&FN Spon，1999.

[114] John Beardsley. Kiss Nature Goodbye. Harvard Design Magazine，2000（Winter/Spring）.

[115] Laurie Olin. On Landscape Architecture Essays. Harvard Design Magazine，1996.

[116] 王建国.现代城市设计理论与方法.南京：东南大学出版社，1991.

[117] 魏士衡.中国自然美学思想探源.北京：中国城市出版社，1996.

[118] 俞孔坚.景观：文化、生态、感知.北京：科学出版社，1998.

[119] 赵宪章.西方形式美学.上海：上海人民出版社，1996.

[120] Sarah Bradford Landau，Carl W. Condit. Rise of the New York skyscraper, 1865-1913. New Haven：Yale University Press，1996.

[121] SkyscraperLullaby：The Life and Music of John Alden Carpenter. Washington：Smithsonian Institution Press，1995.

[122] Tom Shachtman. SkyscraperDreams：The Great Real Estate Dynasties of New York. Boston：Little，Brown，1991.

[123] Jellicoe，Geoffrey. The Landscape of Civilization. Garden Art Press Ltd. 1989.

[124] Johnson，Jory. Modern Landscape Architecture：Redefining the Garden. Abbeville. 2000.

[125] Kassler，Elizabeth B. Modern Gardens and the Landscape. The Museum of Modern Art，NewYork. 1994.

[126] Kiley，Dan. Dan Kiley：The Complete Works of America's Master Landscape A rchitecture. Boston，1999.

[127] Murase，Robert. Stone and Water. Landmarke，1997.

[128] Ogrin，Dusan. The World Heritage of Gardens. Thames and Hudson. 1993.

[129] Process Architecture 33. Landscape Design：Worksof Dan Kiley. Tokyo,1986.

[130] Proca Architecture 90. Garrett Eckbo：Philosophyof Landscape. Tokyo，1990.

[131] Sasaki Associates. Integrated Environments. Spacemaker Press，1997.

[132] Schwartz，Martha. Transfiguration of theCommonplace. Washington，1997.

［133］ Simo. Melanie. 100 Years of Landscape Architecture：Some Patterns of a Century. Asla Press. 1999.

［134］ Spens，Micheal. The Complete Landscape Designs and Gardens of Geoffery Jellicoe. London，1994.

［135］ Steele，James. Architecture Today. Phaidon Press Limited. 1997.

［136］ Stern，Michael A. Passages in the Garden：An Iconology of the Bfion Tomb. Landscape Journal，the University of Wisconsin，1994.

［137］ Treib，MaFC（Editor）. Modern Landscape Architecture：A C ritical Rewiew. London. 1992.

［138］ Treib，Marc. Must Landscape Mean：Approachesto Significance in Recent Landscape Architecture. Landscape Journal，V01. 14，No. 1，The University of Wisconsin，1995.

［139］ Walker，Peter. Minimalist Gardens. Washington，1997.

［140］ Walker，Peter and Simo，Melanie. InvisibleGardens. The MIT Press，1994.

［141］ Woodhams，Stephen. Portfolio of ContemporaryGardens. Rockport，1999.

［142］ 赵勇伟，朱继毅. 多伦多城市中心发现之旅的启示. 城市建筑，2005（5）：35-38.

［143］ 宋聚生，王雪强，孟建民. 城市新区商业核心地段活力的塑造. 城市建筑，2005（8）：44-48.

［144］ 刘力. 建筑的高科技发展趋势. 城市建筑，2004（10）：46-49.

［145］ 刘文鼎. 建筑形象与城市印象——谈办公建筑的城市角色. 城市建筑，2005（10）：19-23.

［146］ 侯兆铭，倪琪. 高层居住建筑的设计理念. 大连民族学院学报，2007（1）：34-36.